冥想

创造你梦想的生活

本书谨献给你

冥想

创造你梦想的生活

[美] 莎克蒂 · 高文 著

蒋永强 译

光明日报出版社

图书在版编目（CIP）数据

冥想 /（美）高文著；蒋永强译 . --北京：光明日报出版社，2014.11(2024.4重印)

书名原文：Creative visualization - use the power of your imagination to create what you want in your life

ISBN 978-7-5112-7475-5

Ⅰ . ①冥… Ⅱ . ①高… ②蒋… Ⅲ . ①个人 - 修养 - 通俗读物 Ⅳ . ① B825-49

中国版本图书馆 CIP 数据核字 (2014) 第 249471 号

版权登记号：01-2014-5694

冥 想

MINGXIANG

著　　者：〔美〕莎克蒂 · 高文　　**译　　者**：蒋永强

策　　划：双螺旋文化

责任编辑：杨　茹　　**责任校对**：傅泉泽

装帧设计：郭朝慧　　**责任印制**：曹　净

特约编辑：唐　浒　伍四运　赵　静　　**特约技术编辑**：张雅琴　黄鲁西

出版发行：光明日报出版社

地　　址：北京市西城区永安路106号，100050

电　　话：010-63169890（咨询），63131930（邮购）

010-63497501，63370061（团购）

传　　真：010-63131930

网　　址：http://book.gmw.cn

邮　　箱：gmrbcbs@gmw.cn

法律顾问：北京市兰台律师事务所龚柳方律师

印　　刷：固安兰星球彩色印刷有限公司

装　　订：固安兰星球彩色印刷有限公司

本书如有破损、缺页、装订错误，请与本社联系调换，电话：010-63131930

开　　本：145mm × 210mm

字　　数：120 千字　　**印　　张**：6.25

版　　次：2015 年 1 月第 1 版　　**印　　次**：2024年 4月第 10次印刷

书　　号：ISBN 978-7-5112-7475-5

定　　价：45.00 元

CONTENTS 目录

第二部分 运用冥想

第三部分 冥想与肯定

第四部分　专用技巧

第五部分　生生不息的创造力

出版前言

1974年，我在加利福尼亚的贝克利遇到了莎克蒂·高文，那时候我们都才20多岁。莎克蒂刚刚完成了她的世界之旅，穿越了整个欧洲和亚洲大陆。她在印度待了几个月，那里的经历对她产生了某种特殊的影响。很快我们就发现我俩之间有很多共同之处：都全身心致力于个人成长，都对整合东西方灵性和心理学的智慧深感兴趣，都有着强烈的改变世界的愿望。

1977年，我们合写并出版了一本叫做《转化的工具》的小书。我们没有资金，也几乎没有什么从商的经验，但是随着我们跨出的每一小步，接下来的那一步就自然地展现在我们面前。回顾从前，感觉一路上的每一步都像有神灵在指引我们。

1978年，莎克蒂写作了她的第一本著作《冥想》。我们最初印刷了2000本，而且我们不得不借钱来支付印刷费。我不记得我们在宣传上花过什么钱，我也不记得我们曾经送出过哪怕一本供评论用的书。但是书很快就卖完了，完全是口碑相传的结果。书商不断地告诉我们这样一个情况：人们进来，买了一本，几天之后又回来，想要再买五本或十本送朋友。所以这本书起初完全是凭着自身的魅力而销售一空——我觉得一个原因是莎克蒂清晰而优雅的文笔，另一个原因是此书内容翔实而精彩。这是一本人们想要一读再读的书，人们会将这本书藏在一个特别的地方，珍爱着它所传递的每一个信息。它属于那种稀有的、可以帮助人们在生活中做出奇迹般改变的书。

出版后不久，我们开始收到读者讲述自己深受感动的信件。每一封信件都有一个故事。一个又一个故事开始如潮水般涌了进来。其中我最喜欢的一封来信传达了众多读者的心声：

“我所读到的其他励志读物都让我感觉有人在戳着手指告诉我应该如何如何。但是莎克蒂却牵着我的手，把我带到一个花园中，然后递给我一束花，每隔一段时间又递给我一束。如此安静、柔和，并带着巨大的关怀。谢谢你写了这一本美丽的书。”

《冥想》至今已经售出超过600万本——在北美地区售出300多万本，另外35个译本在世界各地至少又售出300万本。事实证明这是一本有着全球影响的开创性著作。这本书启动了莎克蒂的事业旅程，使她成为备受喜爱的国际著名演讲者和这一领域的领头人，同时这本书也让我一脚踏入了出版行业。这本书向我们两人展示了如何冥想与创造成功，我对莎克蒂有远见和勇气写作本书永远都怀着感恩之心。

我真心祝愿，通过阅读本书，你可以真正创造出你所设想的那种生活，这样你就会真实地感受到满足、丰盛与健康，并充满创造的能量。你现在手中拿着的这本书已经帮助了许许多多人提升了他们的生活品质。

马克・艾伦

2002年6月

修订版序言

真是难以置信，《冥想》出版至今已经过去了这么多年。

当年我才30岁，正处于寻找人生方向的路途中。多少年来，我一直是一个积极的追寻者，将自己献身于探索东方哲学与西方心理学，企图从中发现我生活的深层意义与目的。事实上，我所学到的某些思想和技巧也确实对我的意识与生活方式产生了深远的影响。

我属于这样一种人：一旦发现某些有价值的事情，就会迫不及待地告诉每一个愿意倾听的人。结果我发现自己渐渐开始从事咨询以及引导小团体和工作坊方面的工作，将那些曾经帮助我解决个人难题、拓展意识领域的观念和练习传授给其他人。

对我而言，将这些事情写成一本小书并提供给我的学生是一个不错的主意。写作本书期间，我经历了创造热情和自我怀疑交替出现的困境，当时我想："我有什么资格写这样一本书，告诉人们怎样找到生活中更大的快乐与满足？我肯定不是这方面的专家。我自己的生活也并不完美。"

我的朋友马克·艾伦帮助我走出了这些困难时期，他鼓励我不必担心这样的问题，而要将注意力集中于我的创造性过程上。我们决定自费出版这本书，虽然我们对出版行业所知甚少，对金钱方面的事情更是毫无概念。不管怎样，我们还是设法让书在一些书店上架。

这本书创造了一段历史。人们似乎很喜欢这本书，凭着口耳相传，在接下来的几年中它渐渐地成为一本畅销书，并持续在世界各地热销至今。我觉得它热销的其中一个原因就是它短小、简洁、实用，而且其中的一些技巧读者可以马上加以有效地运用。

我收到过成千上万封读者来信，告诉我这本书是如何帮助他们解决了一些特殊的、有时候是相当严重的问题，这真是非常令人欣慰的一件事。我对自己有机会以这种方式给予他人帮助而感恩在心。

我的工作和事业也随着这本书而日益兴旺。许多年来我一直在世界各地带领工作坊，并撰写和出版了另外几本书。就像它帮助其他人找到了他们的生活之路一样，《冥想》也帮助我找到了生活的方向。

该到了做一个新的修订版的时候了。我稍做了一些修改，对一些观点做了梳理，对一些定义进行了深化，在总体上也做了相应的更新。

如果你早就看过第一版，我希望你从这些修订中找到乐趣。如果你是第一次阅读本书，祝愿它能帮助你创造出你所向往的一切。

莎克蒂・高文

2002年5月

致读者

亲爱的读者：

我决定写这本书，因为，这是我所能想到的最好方式，可以将我所学到的、深化和拓展了我生命体验的许多美妙之事跟他人分享。

无论从哪个角度看，我都不认为自己是冥想这门艺术的专家。我是这门科目的一名学生，学得越多，越发现其深不可测……事实上，它就像你自己的想象力一样，没有穷尽的时候。

本书旨在成为学习和运用冥想的一本介绍和实践手册。其中几乎没什么东西是我所原创的，它只是将我个人所学到的最具实践性和运用性的观念和技巧做一个整合。

本书包含有许多不同的技巧。你最好不要一次性地照单全收，而要循序渐进。我建议你慢慢地阅读本书，一边读一边尝试其中的几个练习，给自己机会去深入地吸收它们。或者你也可以一气读完，然后再回头慢慢地重读。

本书是我所给你的爱的礼物……但愿它是一份对你的祝福……但愿它给你的生活带去更多的喜悦、满足和美好……但愿它可以长养你内心的那一盏明灯……

阅读愉快！

爱你们的

莎克蒂

第一部分

冥想的基础

生活的每时每刻都具有无限的创造力，

宇宙是无比慷慨大方的。

只需将你的请求明白无误地表达出来，

你所真心祈求的一切必会呈现在你面前。

什么是冥想

冥想是运用想象创造你所想要的生活的一项技术。冥想一点也不新鲜，也没什么不同寻常，你早就在日常生活中运用它了。事实上，你每分每秒都在这样做。它是想象的自然力量，也是你无时无刻不在运用的宇宙基本的创造能量。而你自己是否意识到这一点，那是另一回事。

过去我们许多人都在不自觉地运用冥想的力量。由于我们对生活根深蒂固的负面观念，我们一直都在不自觉地、无意识地预设和想象种种匮乏、困难和问题，认为命定如此。从某种程度而言，正是我们自己创造了这样的生活。

本书讲的就是如何更有意识地运用你与生俱来的冥想能力，如何将它作为一种技巧，创造你内心所真正向往的——爱、充实、享受、健康、美丽、繁荣、心满意足的私人关系、乐在其中的工作、充分的自我表现以及内心的平静与和谐……冥想给了我们一把钥匙，让我们得以进入生活美好和富足的一面。

想象是创造一个念想、一个意象的能力，以及对事物的一种情感感悟能力。在冥想中，运用想象去创造你想要呈现出来的某个念想、意象和对事物的情感。接着你持续专注于此念想、情感或意象，直到它成为客观现实……也就是说，直到你真正成就了自己所梦想的事物。

你的目标可以是任何层面的——物质的、情感的、精神的或灵性的。你可以想象自己有了一个新家，得到了一份新的工作，拥有一份心满意足的情感关系，变得宁静与深沉，或者，记忆和学习能力有了提高。你也可以冥想自己轻松地处理问题，将自己看成是一个发光体，充满了生命的能量。你可以在任何层面上操作，都会有效果……透过经验，你会找到某些对你特别有效的意象和技巧。

比如说，你对当前的工作处境不太满意。假如你感到这份工作基本上是对路的，但是有些情况需要改善，你可以尝试想象你所渴望的改善情况。假如没有效果，或者宁愿找一份新的工作，那就专注于想象你所渴望的工作场景。

不管哪种情况，其中使用到的技巧是一样的。先放松，让自己处于安静的禅境之中，然后想象你正在理想的工作环境中做事。想象一下你在理想的工作环境中，做着称心如意的工作，跟同事相处融洽，得到尊重和欣赏，报酬也令你满意。你可以在这一想象中加入你认为重要的细节，比如工作时间，自主性程度，以及所承担的责任等。尝试感受那个可能性，在冥想时，就当它已经是事实。简而言之，就是完全按你的意愿来想象，仿佛已经身临其境。

时常重复做这一简短的练习，一天两三次，或在想起的时候就做。如果你想要改变的意愿十分清楚，十之八九在你的工作中就会发生某种转变，而且相当及时。

需要注意的是，你不能利用这一手段去“控制”别人的行为，或让他们去干违背其意愿的事情。冥想的作用在于消除障碍，让我们能够进入自然和谐、自我实现的境界，让每个人都展现最为美好的一面。

运用冥想，你无须信奉玄学或灵性上的观念，虽然你必须愿意去尝试某些可能有效的思想。除了自身的力量，你也无须相信其他超自然的力量。

惟一所需要的是，你想丰富自己知识和体验的愿望，以及一个开放的、乐于以正面心态尝试新事物的心胸。

虚怀若谷地学习和运用这些原则和技巧，然后判断它们对你是否有用。

这样，你才能继续运用和发展它们，而不用多久，你自己和你的生活所发生的改变很可能就会超出你最初所梦想的一切。

冥想就像魔术一般，但它是最为真实而深奥的魔术。它涉及对支配宇宙的自然法则的理解，以及如何与这些法则和谐相处，如何以一种最为自觉、最富创造性的方式学习和运用这些法则。

假如你之前从未看到过灿烂的鲜花或辉煌的落日，当有人向你描述这个情景，你或许会认为这是不可思议的奇迹（事实上，它就是奇迹）。但是一旦你见识了一些这样的情景，并渐渐了解其背后的自然法则，你就会明白它们是如何形成的，那么这些情景对你而言就会变得自然而然，不再显得神秘。

冥想同样如此。一开始，对于我们受到极为有限教育的头脑而言，它或许显得很神奇或者不可思议，但是一旦我们掌握和实践它所涉及到的观念和思想，它就变得自然而可信了。

一旦你这样做了，冥想就像在你的生活中变戏法一样……没错，你的确在变戏法！

冥想是如何运作的

为了了解冥想是如何运作的，让我们一起来看以下几个相互关联的原则：

物质宇宙即是能量

某些灵修传统在几个世纪之前早已了解到的事实，如今科学界也渐渐开始对此有所认识。我们的物质宇宙事实上并非是由“物质”组成的，宇宙的基本元素是一种我们称之为“能量”的力量。

以我们身体感官通常感知的方式而言，事物看上去似乎是实在而彼此孤立的。但从更精细的层面，从原子和亚原子的层面看，看上去坚固的实体实质上是由越来越小的粒子所组成，再往下看，就是纯粹的能量。

实际上，我们都是能量，而在我们内部和围绕着我们的万物都是由能量组成。我们都是巨大能量场的一部分。我们感知到的孤立实体事实上只是能量体的各种表现形式。即便从字面和物理意义上讲，我们也都是一体的。

能量以不同的频率振动，因此从精细到粗糙，都具有不同的质地。思想相对而言比较精细，是能量比较轻巧的形式，因此能够迅速而轻易地发生改变。物质实体相对而言则是一种比较粗糙和紧密的能量形式，因此其运动和变化都比较缓慢。在物质实体层面，也有很多不同的情况。生命体比较精细，变化迅速，容易受到很多事物的影响。一块岩石则是较为粗糙的能量形式，变化缓慢，很难去影响它。但是即便是一块岩石，最终也会被诸如水这样更为精细和轻巧的能量所改变和影响。各种形式的能量都是相互关联的，因此也会相互影响。

能量具有磁性

能量的一大法则是：某种质地和振动的能量会吸引具有同类质地和振动的能量。

思想和情感的磁性能量能够吸引同类的能量。我们可以在某些场合见证到这一法则的作用，例如，我们可能“碰巧”遇见了我们一直在想念的那个人，或者，我们“随手”拿起一本书，而这本书所包含的信息正好是当时我们所需要的。

形式随想法而定

思想是一种快速、轻巧而不断变化的能量形式。它是即时展现的，不像物质形式那么稠密。

在创造某个事物的时候，我们总是首先以思想的形式对它加以呈现。思想或想法总是领先于事实的呈现，比如，“我想去做一顿晚餐”的想法就要先于美餐的制作，“我想要一件新衣服”的想法要先于出去购买的行为，“我需要一份工作”要先于找到一份工作的事实。

一个艺术家先有了想法或灵感，然后才能去创作一幅画。一个建筑师先有设计，然后才能建造一所房屋。

想法就好比蓝图。它创造了一个形式上的意象，然后这个意象就会吸引和指引物质能量流向那个形式，最终使之在有形的物质层面上呈现出来。

即便我们不采取直接的行为去实现我们的想法，这一原则依然有效。光是在你的脑子里的一个想法或思想就是一种能量，它会在物质层面上吸引和创造相应的形式。如果你一直想的是疾病，你可能会真的得病；如果你认定自己长得很美，你就真的会变美。同样，在我们内心一些无意识的想法和情感也是遵循同样的原则。

发散与吸引法则

这个法则讲的是，不论你将什么投入到这个宇宙，它都会反射到你本人，“种瓜得瓜，种豆得豆。”

从实践的角度看，这意味着：我们总是在吸引那些我们想得最多、期待最深和想象得最生动的事物进入我们的生活。

当我们处于负面和恐惧、不安和焦虑之中的时候，我们常常会吸引到那些我们正力求避免的经验、处境或人事。如果我们处于相对积极的状况中，期许着愉悦、满足与快乐，那么我们就会吸引到与之相应的处境和人事。因此，有意识地想象我们想要的事物，有助于使之呈现在我们的生活当中。

运用冥想

这样的改变并不仅仅通过“正向思维”这样表面上的改变就得以实现，它涉及我们最深层次、最为基本的生活态度问题，我们需要做的就是去探索、发现和改变。这就是为什么说学习冥想可以成为一个很有意义的、深层次的个人成长历程。在这一过程中，我们经常会发现，由于恐惧和无意识的信念，我们游移不定、举步维艰，妨碍了去实现满足而充实的人生。一旦这些受局限的态度被我们看清，它们就会在冥想的过程中自行消失，从而留出空间，让我们有机会去寻找和进入到快乐、充实和爱的自然生活状态中。

一开始你或许会在某个特殊的时间段或为某个特殊的目的而练习冥想。而当你越来越习惯于运用它，并开始信任它所能带给你的结果的时候，你就会发现它已经变成了你思维过程的一个有机组成部分。它成了一个持续的觉知和意识状态，你知道了自己就是生活的创造者。

这就是冥想的终极目标——将生活的每时每刻都变成一个创造奇迹的时刻。在这样的时刻，我们只需自然地选择我们所能想象的最好的、最美的、最充实的生活……

冥想的简单练习

这里有一个冥想基本技巧的练习：

首先，设想一下某样你喜欢的事物。在这个练习中，你只需选择某样简单的、你可以在想象中轻松获取的事物。它可以是一个你想要拥有的东西，一件你想要发生的事情，一个你想要身在其中的场景，或者，某个你想要在生活中加以改善的环境。

找一个不会被打搅的安静处所，只要感觉舒适，坐着或躺着都可以。然后完全地放松自己的身体。从脚趾开始，一直往上到头顶，想着你身体上的每一块肌肉都放松下来，让所有的紧张都从体内释放出去。运用腹式呼吸，深长而缓慢地呼吸。慢慢地以从10到1的次序默念计数，每数一次，放松的体验就加深一次。

当你感到自己进入深度放松的时候，开始想象那个你想要的事物。如果它是一个物件，那就想象你跟它在一起，使用它，喜欢它，享受它，并将它展示给朋友看。如果它是一个场景或事件，那就想象你就在其中，每件事都正如你想要的那样。你可以想象人们在讲些什么，或者想象任何使之更真实、更生动的细节。

你可以花上相对较短或者几分钟的时间去想象一下——随便你花多少时间，只要你觉得合适就行。你可以从中找到乐趣，这应该是一个充满乐趣的体验，就像孩子在为自己的生日礼物做着白日梦一般。

此时，在保持脑海中那个想法或意象的同时，说出一些与之相关的十分积极和肯定的话语（看你个人喜好，可以出声，也可以默念），例如：

此时此刻我正在山上度过一个精彩的周末。多么美好的一个假期啊！

或者，

我太喜欢从我宽敞的新居所往外看到的景致了。

或者，

我正学着以自己的本来面目来爱和接受自己。

这些积极的话语是一种肯定，是冥想十分重要的组成部分，我会在后面更加详细地论述到这一点。

如果你高兴，你还可以以一句坚定的陈述来结束你的冥想：

此事，或更好之事，

以全然圆满与和谐的方式，

为着所有相关人群的最高利益，

此刻为我呈现。

这一陈述为某些与你最初的想象不同甚至更好的事情的发生留出了空间，同时它还可以提醒你，这一过程只有在考虑到大家的相互利益时才会奏效。

如果期间有疑惑或矛盾的念头出现，不要去抗拒，也不要去阻止它们。这样做反而会给予它们力量。只需任它们流经你的意识，接纳它们，然后回到你的正向陈述和意象。

只要你觉得乐在其中，你就可以进入到这一过程。五分钟、半个小时都可以。每天重复做，或者尽可能经常做。

现在你已经知道，这个基础冥想相当简单。但是，如果你想有效地运用它，通常还需要更多的理解和细化。

放松很重要

刚开始学习运用冥想时，放松是很重要的。当身心处于深度放松的时候，你的脑波形态就会发生改变，变得更为缓慢。这一更深更慢的脑波通常被称为阿尔法（alpha）波，而当你处于繁忙的日常意识状态时，你的脑波状态则是贝塔（beta）波，人们对阿尔法脑波效应做了很多研究。

研究发现，阿尔法波是一种十分健康的意识状态，因为它对身心两方面都具有放松作用。极为有趣的是，在运用冥想创造和改变客观世界的时候，它实际上远比活跃的贝塔波更富有效率。就实践而言，这一点给我们的启示是：如果你在深度放松的同时做冥想，那么你在生活中所实现的改变要远远大于通过思虑、计划和人事操纵而取得的改变。

如果你有什么用于深度放松或进入禅境的方法，尽管大胆地将它运用于冥想。或者你也可以继续运用我在前一章中讲过的方法——缓慢地深呼吸，渐次放松身上的每一块肌肉，慢慢从10数到1。如果你在身体放松方面有某些问题，你也可以去寻求瑜伽、禅修或压力舒解等课程的帮助和指导。当然，从中你也会了解到，深度放松对身体、情绪和精神都有很大的好处。

在晚上睡觉之前和早上起床之后做冥想尤其有利，因为在这样的时段中身心都处于深度放松和开放的状态。你或许喜欢躺在床上做冥想，但是假如你容易睡着，那就最好以一个舒服的姿势并挺直脊椎坐在床边或椅子上，将脊椎挺直有助于能量的流动，使你的脑波更容易进入到阿尔法波形中。

如果可能，在午间做一个短时间的静坐和冥想，这会帮助你放松下来，变得焕然一新，保证你一整天都身心舒畅。

如何冥想

很多人对“冥想（visualize）”这个词究竟是什么意思颇感疑惑。有些人在闭上眼睛想要冥想的时候，为没有在脑海中“看到”一幅画面或意象而担心。有些人在第一次尝试冥想的时候，他们会觉得“什么也没发生”。通常，这种情况的发生是因为他们太过用力而妨碍了冥想。他们或许觉得应该有一种“正确的方法”来做冥想，而他们自己的经验是不正确的或不恰当的。如果你就是这样感觉的，那你必须停止担心，放松下来，接纳一切自然发生的状况。

不要被“冥想”这个词迷惑了。在脑海中看到某个意象并不是必要的。有些人说他们闭上眼睛的时候看到了非常清晰的画面。另一些人实际上没有“看到”任何东西；他们用的是感觉，或者他们只是“念想”，这也很好。有些人更多是视觉型的，有些人是听觉型的，另一些人则是感觉型的。我们所有人都一直在运用我们的想象——不这样是不可能的，所以不管发现自己在冥想时发生什么，都没有问题，都很好。

如果你还是不确定冥想的意思，那就仔细阅读这些练习，然后闭上眼睛，看看会出现什么情况：

闭上眼睛，深深地放松。默想某个熟悉的房间，例如你的卧室或客厅。回想它的某些细节，例如，地毯的颜色、家具的布局、光线的明暗等。想象你自己走进房间，在一个舒适的椅子、沙发或床上坐下或者躺下。

此时你可以回忆最近几天某些愉快的体验，尤其是那些跟身体感觉有关的体验，例如，一顿美餐，一次按摩，在凉水中的一次游泳。尽可能栩栩如生地回忆这些体验，从中再次体味这些愉快的感受。

接着设想你身处某个田园风光的乡村背景中，或者躺在松软的草坪上，或者漫步在美丽而繁茂的森林中。它可以是某个你去过的地方，也可以是某个你向往的地方。默想那些细节，并以你喜欢的方式创造那些细节。

不论你通过什么方式将这些景致带入脑海，这一过程都可以被称作“冥想”。

事实上，冥想有两种不同的模式。一种是接受型的，一种是积极型的。在接受型模式下，我们只需放松，允许意象或印象进入脑海，而对细节不做任何选择。而在积极型模式下，我们会有意识地选择和创造我们希望看到或想象的事物。这两种模式都是冥想的重要组成部分。通过实践，你的接受型和积极型的冥想能力都会得到提升。

冥想的特殊问题

有时候一个人会完全人为地阻碍其冥想或想象的能力，他只感觉自己“就是做不到”。这一类的阻碍往往出自恐惧，如果当事人有愿望去解决这个问题，它是可以被疏通的。

一个人阻碍自己运用冥想的能力，通常是出自害怕面对向内看时看到心中未被认可的感受和情感。

例如，在我开设的课程班上有一位男士一直无法做冥想，总是在静坐的时候睡着。结果发现他曾经在冥想中经历过一次深刻的情感体验，他害怕自己会在众人面前情绪失控而遭遇尴尬。

我的一个女客户也有冥想困难，直到她接受了心理治疗才能够逐渐面对、接触和体验自童年起一直深埋心底的痛楚情结，从而消除了她在冥想上的障碍。

事实真相是：我们内心没有什么东西可以伤害我们；正因为我们害怕去体验自己的情感，我们才会陷入困境而无法动弹。

如果在静坐中发生任何不寻常的或出乎意料的情况，最好的办法就是正视它，与之相处，并尽可能地体验它，到最后你会发现它对你不再具有任何负面的影响。我们的恐惧来自那些我们不愿去面对的事情。一旦我们愿意深入细致地去审查这一恐惧的源头，它就失去了对你的制约力。如果我们实在难以应付，找一个好的咨询师或治疗师是非常管用的办法，他们会帮助我们去接受和表达自己的情感。假如我们在生活中遭遇过很多痛苦或创伤，这一点显得尤其重要。

幸运的是，冥想上的问题相对而言是很少见的。通常的情况下，冥想会自然地出现，而且，你越多实践它，它就变得越容易。如果你在冥想方面有困难，你可以考虑运用更为容易也更为有效的言语肯定法（详见后面的章节）。

冥想的四个基本步骤

1. 设定目标

选定某个你喜欢去拥有、去为之工作、去实现、去创造的事物作为冥想的目标。它可以是任何事物——一份工作，一座房子，一个关系，你自身的一个改变，更富足、更快乐、更健康、美丽、更好的身体状况，解决一个家庭或社区问题，任何事情都可以。

一开始的时候，选择那些你比较容易相信的、在不久的将来就有可能实现的目标。这样，你就无需去处理那些来自你自身的负面抗拒因素，同时也可以在学习冥想的时候强化你成功的信心。到后来当你有了更多的实践经验的时候，你才能选择那些较为困难、具有挑战性的难题作为冥想目标。

2. 创造一个清晰的想法或画面

创造一个想法、一个画面，或者你所能设想的对某个对象或情境的感受。你应当以现在时态去设想它，就像它早就以你喜欢的方式存在着。想象你正身处那个你想要的环境中。尽可能将更多细节展现在其中。

你或许还希望能够为之画一幅真正的图画，画一幅宝图（后面会详细讲到）。这是一个可选步骤，不是必需的，但它常常很管用（也很有趣）。

3. 经常关注它

无论是在静坐期间，还是在一天之中你碰巧无意中想到这件事，你都可以将你的想法或画面经常地带入脑海。这样，它就成了你生活的一个有机组成部分，对你来说，它就变得更接近于现实。

坚定地专注于它，但心态要轻柔、放松。很重要的一点是，不要让自己感觉很费劲或者在其中投入过多力气——这于事无补，反而有害。

4. 给予它正面的能量

在你专注于目标的时候，以积极和鼓励的方式看待它。对自己传递强烈的正面信息：它存在着。它已来到或正向你赶来，一如自己正在接收或实现它。这些正面的声明被称作“肯定”。在运用确认的时候，请把心中可能存在的疑虑和不信任暂时抛在一边，至少在那一时刻别去想它，同时练习去感受你所渴望的事物是真实而可能的。

不断持续这一流程，直到你达成目标，或者失去了这么做的愿望。记住：目标在实现之前经常会发生改变，这是人类变化与成长过程中最自然不过的一部分。因此，不要在失去热情之后再尝试延续你的目标——如果你失去了兴趣，那很可能意味着：到了该重新审视自己到底想要什么的时候了。

如果你发现自己的目标发生了改变，一定要和自己确认这一点，让自己明白这样一个事实：你已经不再专注于之前的那个目标了。结束那个旧的圈圈，开始新的旅程。这样做可以帮助你免于困惑，或者感到自己“失败”了，而实际上只不过是你自己发生了改变而已。

当你达成了一个目标，一定要有意识地向自己确认：它已经被完成。经常在我们达成了自己所渴望和冥想的事物时，我们甚至都没有注意到我们已经成功了！因此你需要给自己一点欣赏和鼓励，同时也别忘了感谢宇宙回应了你的恳求。

冥想只能用于善事

不要害怕冥想的力量会被用在有害的事情上。我们自己阻碍了和谐、充沛、慈爱的宇宙能量自然流动，冥想就是消除这一障碍的手段。只有将冥想运用于跟我们和众生的最高目标和价值相符的事物时，它才会真正发挥效用。

如果有人企图将这一有力技巧运用于有害的或破坏性的自私目的，那只能表明这个人对吸引力法则的无知，这是一个跟发散与吸引法则同样根本的法则。“种瓜得瓜，种豆得豆。”不论你试图对他人做些什么，你都会得到相同的报应。这其中包括爱的、有利的和友善的行为，也包括负面的、破坏性的行为。当然，这也意味着，你越多运用冥想去爱他人，去为自身和他人的至高目的服务，那么就会有越多的爱、快乐与成功自然地来到你身边。

看看你自己是否意识到这一原则，如果你能够在冥想的过程中加入这一段话，那就再好不过了。

此事，或更好之事，

以全然圆满与和谐的方式，

为着所有相关人群的最高利益，

此刻为我呈现。

举个例子，假如你在冥想自己获得了一次升职，不要去设想你的上级被解雇的情形，而是想象他转到其他更好的岗位上，或者，得到了一个更令他满足的工作，这样冥想就可以照顾到所有人的利益。你无需去理解或弄清楚事情会怎样发生，也无需去决定什么是最好的解决办法；你只要设想它正以最圆满的方式呈现，将细节交给宇宙去处理就行了。

肯定陈述

肯定是冥想最为重要的元素之一。肯定的意思就是“使之确定”。肯定是对事物已经如此的一个坚定而正面的表述。它是让你正在想象的东西变得“确定”的一种方法。

我们大多数人都会意识到这样一个事实：我们的头脑几乎不停地在进行着内心的“对话”。头脑忙于跟自己“说话”，无休无止地对生活、对这个世界、对我们的情感、对我们的问题以及对其他人做着评说。

这些在我们脑海中闪过的言词和想法是极为重要的。多数时间我们都没有察觉到这一思想之流，但我们正在心中“告诉自己”的却正是构成我们现实经验的基础。我们的内心评说影响了我们对生活中所发生事物的情感和感知，也为情感和感知打下了某个基调，而正是这些思想形式最终吸引和创造了每一件发生在我们身上的事情。

任何一个练习过静坐的人都知道：为了跟我们更深层、更智慧的直觉心相连通，要让这些“内心对话”安静下来是多么困难。传统禅坐中有一个修行方法告诉我们，对这样的“内心对话”，我们只要尽量客观、平和地加以觉察就行了。

这样做会给你带来一个很有价值的经验，让你对自己思想的内容有了更自觉的觉知。这些思想中很多内容就像一盘录音带，我们有生以来一直在重复这些模式和内容。它们都是些我们很早以前就养成的习性，但依然对我们今天的生活发挥着影响。例如，我们或许会发现，我们常习惯性地产生自我挫败的想法，比如：“这件事我做不到”，或者，“这个问题永远也解决不了”。

在实践中运用肯定陈述可以让我们渐渐用更为正面的想法和观念取代那些陈腐、破败或负面的内心杂念。这是一个效用很强的技巧，它可以在一个很短的时间内转化我们对生活的态度和期待，从而帮助我们改善自己的生活。

肯定陈述可以默念，也可以大声说出来，可以写下来，甚至也可以唱诵。即便是每天做10分钟肯定练习也可以改变你的习性。如果你发觉自己在习惯性地重复负面思想模式或态度，尝试当下对自己说一些肯定的话，连续说几遍。

例如，当你发现自己在想“噢，有什么用呢，我永远也不会得到自己想要的”的时候，你可以对自己说：“我有能力在生活中创造我所向往之事”或者“我有理由生活得更为快乐与充实”。

肯定陈述可以是任何一个正面的陈述。它可以笼统，也可以具体。肯定的数量可以说是无限的。我们在此列出一部分供你参考：

每天每一方面我都变得越来越好。

我所需要的一切正轻松自然地走进我的生活。

我的生活全然完美，如花盛开。

我具备一切条件来享受当下时光。

我是自身生活的主宰。

我所需要的一切早已在我内心。

完美智慧来自我心。

我本人完整而全面。

我喜欢和欣赏真实的自己。

我将所有的情感都接纳为自己的一部分。

我喜欢去爱和被爱。

我越多爱自己，就给别人越多爱。

我无忧无虑地给予和接受爱。

此时我正将充满爱意、令人满足的情感关系吸引到生活中来。

我跟（　　）的关系每一天都在往更加快乐、更加充实的方向发展。

现在我有一个令我满意、收入不错的工作。

我喜欢做这份工作，无论是就其创造性而言，还是就其财务回报而言，我都收获颇丰。

我是创造性能量的开放性通道。

我始终在动态地表现自己。

我乐得放松，享受妙趣。

在与人沟通上，我表达清晰、富有效率。

现在我有时间、精力、智慧和金钱去实现我所有的愿望。

我总是在合适的时间置身合适的场合，成功地参与合适的活动。

拥有我想要的一切没什么不好。

这是一个丰盛的宇宙，足以满足我们所有人。

丰盛是我存在的自然状态。

每一天我都变得更加富裕。

我拥有越多，就给予越多。

我给予越多，就接受越多，我就越快乐。

享受生活、富有情趣是好事，我也是这么做的。

我轻松自在，有足够的时间做任何事。

现在我正在享受我做的每一件事。

仅仅是活着就让我感到快乐。

我健康而美丽！

我敞开胸怀接受这个丰盛宇宙的所有的祝福。

（　　）正轻松自然地走进我的生活。

我有一份报酬丰厚、十分带劲的好工作。

我内在的光明此时此刻正在我的生活中创造奇迹。

此时我跟生活的更高目的保持着协调一致。

当我生活的神圣计划一步一步向我展现和启示的时候，我辨认、接受和追随着它。

此时我为我健康、快乐和充分表现自我的生活而满怀感激。

关于肯定，这里还有一些重要的事项需要你记住：

1.始终用现在时态而不是将来时态做肯定陈述。创造你所向往之事很重要的一点就是设想它已然存在。不要说“我将获得一份很棒的新工作”，而要说“我现在有了一份很棒的新工作”，这并不是对自己说谎。这是对以下事实的一种遵循：万事万物都首先在内心世界被创造出来，然后才能在外部现实中得以展现。

2.始终尽你所能用最为正面的方式做肯定陈述。肯定你想要的，而不是你不想要的。不要说“我早上不再睡过头了”，而要说“现在我早上准时起床，精力充沛”，这一点可以保证你创造最为正面的精神意象。

在某些时候，你会发现做负面性的陈述对你管用，尤其是当你正在处理情绪障碍或改正坏习惯的时候，例如：“我不想为了完成那些事情而变得紧张兮兮。”如果是这样，你应该始终遵循正面陈述的原则，描述你想要创造的事物，例如，你可以表述：“我现在正处于相当放松自在的状态中，一切事情都进展顺利，轻松搞定。”

3.一般而言，肯定陈述越简短越有效。一个肯定应该清楚明白，承载强烈的情感；它传达的情感越强，就会在你心中留下越深的印象。冗长的、理论化的肯定会失去其情感力量，变得太过理性。

4.始终选择让你感觉完全对路的肯定陈述。对某个人有用的肯定对另一个人可能完全不起作用。一个肯定必须是正面的，并具有扩张感、释放感，起到心理支持的作用。如果它不是这样，就去另找一个，或者尝试修改一下词语，直到它令你满意。

当然，一开始运用肯定的时候，你可能会有情绪上的抵触，尤其是在面对一个真正有效，并将引发意识改变的肯定陈述的时候，因为我们天生害怕改变和成长。

5.始终记得，你在创造崭新的事物，而不是在修补或改变已经存在的事物。这样做就是在抗拒已经存在的事物，从而造成冲突和挣扎。你可以采取这样一种生活态度：接受和处理生活带给你的一切，与此同时，将每一刻都看成是让你快乐和为你开创梦想的崭新机会。

6.肯定陈述并无意抵触或改变你的情感。按照原貌接受和体验你的一切感受（包括负面的）是很重要的。与此同时，肯定陈述能够帮助你创建新的生活观念，使你获得越来越多的美好体验。

7.尽可能去创造一种信念般的感觉和体验，相信你的肯定陈述会成为事实。暂时（至少几分钟）搁置你的疑虑和犹豫，将你全部的精神和情绪能量都投入其中。

如果疑虑、抵触或者负面杂念横亘在你做肯定陈述的道路中央，那就做一个清理疗程，或者运用在本书第四部分给出的书面肯定方法。

与其做机械而生硬的肯定，不如去寻找那个你确有能力创造现实的感觉（事实上，你确实具有这一创造能力）。这两种做法区别很大。

肯定陈述可以单独做，也可以跟冥想结合起来做。将肯定法纳入冥想会起到很大的作用。在本书随后部分我将给出其他很多运用肯定陈述的方法。

对很多人而言，当他们将灵修理念带进来的时候，肯定陈述就会变得极为强大和具有感染力。你可以在肯定陈述中提到宇宙、大地母亲、神圣之爱，或任何其他你喜欢将其添入其中的灵性语汇，用以传递万物同源的信息。

下面就是一些例子：

在我内心具有艺术女神般无穷的创造力。

此时此刻，神圣之爱正透过我在创造它。

宇宙正在引导我所做的每一件事情。

我感谢大地母亲每天都滋养、呵护着我。

一个灵修“悖论”

有些研修东方哲学或修行某一灵修体系的人第一次听说冥想的时候，会对是否运用冥想感到迟疑。他们内心的冲突来自一个表面上的悖论，他们看到“处于当下”以及放下执著和欲望的观念跟设定目标，以及在生活中创造你想要的观念是相互矛盾的。我之所以说表面的矛盾，是因为当你在深层次上解读它们，这两种说法实际上并无冲突。想要成为一个有自觉意识的人，它们都是必须被理解和贯彻的重要原则。为了说明它们之间是如何互补和配合的，请允许我分享我个人对于心灵成长历程的一些观点。

当今文化中的大部分人已经切断了跟灵性本质的接触。我们已经暂时地失去了跟自己灵魂的意识连接，因而也失去了面对生活的力量感与责任感。在内心某个角落，我们有一种无助感；我们从根本上对真正去改变世界、改变生活感到无力。这种内心的无力感促使我们用奋力拼搏和挣扎去加以弥补，以获得某种程度的力量感和控制感。

我们中的许多人因此而成为目标导向。我们变得跟那些可以让我们快乐的个人和事物有了情感上的黏附。我们觉得内心“缺失”了某些东西，因此变得紧张、焦虑和有压力，不断地想去填充那个空洞，想去操纵外部世界，从而得到我们想要的东西。

这就是我们多数人在设立目标和创造向往之事时的存在状态，不幸的是，从这样一个意识层面，这样做根本没有效果……不是我们为自己设置了太多的障碍以致于无法达成目标，就是我们确实达成了自己的目标，却发现它们并没有带给我们内在的快乐。

正是意识到了我们所面对的两难处境，我们才开始走上灵修之路。我们意识到生活应该不止于此，于是我们开始探寻。

在探寻之路上，我们或许经历了很多不同的体验和路程，但是最终我们还是会渐渐回归到我们自身。那就是，我们回到自身灵性本质的体验中，回到我们所有人内心的宇宙能量中。透过这一体验，我们回归到我们的灵性力量，而内心的空虚惟有从内心深处才能被充实。

现在，让我们回到那个所谓的悖论上来。

如果我们一直处于空虚、攫取和操控的心态中，那么，我们首先要学的重要一课就是“放下”。我们必须放松下来，停止挣扎，不再那样拼尽全力，停止为得到自己想要的东西而操控别人，也就是说，停止去做那么多事情，留一点时间，让自己什么也不想，只是单纯地与自己相处。

这样做了之后，我们会突然发现：我们什么事也没有，事实上，这种感觉很好，接受自己本来的样子，接受世界本来的样子，不去做任何改变，这就是处在此时此地。佛教中的“放下执著”就是这个意思。基督教中也有一个类似的观念：“神的旨意得以奉行。”这是一种让人如释重负的自由体验，在自我觉醒的所有道路上，都存在着这样一个基本的体验。

一旦你开始越来越经常地拥有这些体验，你就打开了通向更高自我的大门，并且一股巨大的创造性能量迟早会在你身上流淌和显现，你开始意识到，自己早已经在创造着整个生活，创造着发生在你身上的每一个经验，慢慢地你对此产生了兴趣：你要为自己和他人创造更多更美妙的经验。你想要将自己的能量聚焦于那个对你来说任何时候都是最高、最有满足感的目标。你认识到，生活在本质上就是美好、丰盛而有趣的，不需要经过痛苦的挣扎和绷紧的神经，就可以拥有真正想要拥有的，这是你与生俱来的权利。正因为如此，冥想可以介入而成为你最有力的工具。

下面这个比喻可以更好地说明问题：

> 让我们将生活想象成一条河流。在这条河流中，大部分人都抓着河岸不肯松手，他们担心自己被河流冲走。但是到了某一个时间点，每一个人都必须自觉自愿地放手，并相信河流一定会带着他们一路安全地前行。此时此刻，他学会了“顺流而行”，而且感觉很棒。
>
> 一旦他适应了待在波浪中，他就开始向前看，引导自己前进的路程，看看哪里是最佳的方向，并绕开明石暗礁，在众多河道和支流中选择他喜爱的方向，就在这样的一个过程中，他继续“顺流而行”。

这个比喻说明，我们完全可以顺其自然，接受自己此时此地的生活，但与此同时，我们还可以肩负起创造自己生活的责任，有意识地引导自己的方向，达成自己的目标。

同时也请记住，冥想是一个工具，可以用于任何目的，包括在灵修和个人成长方面，它也常常会带来很多益处，比如，你可以运用冥想，将自己设想成是一个松弛而开放的人，顺其自然地生活于当下，并始终安住在你的内在本性之中。

愿

你内心所渴望的一切

都得以呈现

第二部分

运用冥想

你们祈求，就给你们；

寻找，就寻见；

叩门，就给你们开门。

因为凡祈求的，就得着；

寻找的，就寻见；

叩门的，就给他开门。

——马太福音（Matthew 7：7，8）

让冥想成为你生活的一部分

就像我们在本书第一部分看到的那样，冥想的基本技巧并不困难。现在最重要的是，学会以一种真正在你身上奏效的方式去运用它……从而积极地改变你的生活。为了最有效地运用冥想，我们有必要首先了解几个概念，同时进一步学习一些技巧。

最重要的事情是记得要经常运用冥想，使之成为你日常生活的一部分。大部分人似乎都发现，每天至少花一点时间去练习它是效果最好的方法之一，尤其是刚开始学习的时候。

我建议你每天早上醒来之后和晚上睡觉之前，花大约15分钟时间做冥想（这些都是效果最好的时间段），如果你能够安排出时间，中午也可以做。每次都以深度放松来开始静坐，随后才做想象或肯定。

有很多运用冥想的不同方式，你可以自行决定在一个适当的时间去做不同的尝试。有意识的冥想可能意味着一种新的思维方式和生活方式，因此，它需要一定的实践和练习。

在不同的状况和不同的环境下运用它，并将它运用于解决各类问题上。如果你发现自己心存焦虑或迷惑，或者对某个难题感到无能为力、束手无策，你可以问自己是否能运用冥想来助一臂之力。养成一个习惯，在每一个合适的时刻创造性地运用它。

假如你在冥想时没有取得完全的成功，不要泄气，记住，我们大部分人都背负着多年的负面思想有待克服。改变这些终身的习惯需要时间。我们很多人内心都有一些潜在的情绪和态度阻挠我们进入更有意识的生活。

幸运的是，冥想天生具有强大的威力，甚至只需5分钟的有意识冥想就可以抵消几个小时、几天甚至几年的负面模式。

所以，耐心一点。你现在的世界是用一辈子时间形成的，它或许不会这么快被改变。心怀坚韧，加上对冥想过程的全面了解，你一定会在自己的生活中创造许多奇迹。

在我个人冥想的成长历程中，我发现有两件事最为重要：

1.经常阅读具有启发性的自助书籍。这有助于接触到能够帮助我度过困难时期的最高理念和灵感。我通常会在床头放上一本书，每天读上一两页。

2.找到一个朋友，或者（如何可能的话）一个朋友圈，他们也乐于学习更有意识的生活方式，你可以从他们那里得到支持和帮助。参加一些定期或不定期举办的课程和工作坊，加入某一团体或治疗小组，也都是得到这类支持和帮助的重要方式。

在下一章中，我会给出许多不同的技巧、观念、练习和静坐。从中你可以选出适合于你的、对你有效的来加以练习。冥想有很多不同的层面和方法，我已经尽力将各式各样的练习和方法都囊括进来了。有些适合于你，有些不适合。追随你自身的能量之流，运用那些对你有吸引力的方法。

例如，在某一状况下，你想要练习肯定法，但发现自己无法重复地做肯定，或者你觉得做肯定无济于事。在这种情况下，你可以尝试一下清静法，跟自己的内心向导做接触和沟通，或者暂时放一放，先专注于其他事。

在某个时期有效的未必在另一个时期也有效；对某个人有

效的未必对另一个人也有效。始终信任你自己和你内心深处的直觉。

如果感觉在逼迫、压制自己，或者处于紧张之中，那就不要做。

如果觉得自己从中受益，具有放松和开放的感觉，从中获得灵感，令生活更有滋味，那么就选它来做。

存在，运作，拥有

我们可以把生活看成是一个三角形，这三条边分别是存在、运作和拥有，边与边之间相互支撑。

存在是存活着和有意识状态的基本体验。这是当我们完全专注于当下，处于全然圆满与平和状态时具有的体验。

运作是运动和活动。自然的创造性能量无处不在，是我们生命力的本源，我们的行为就是从这一能量中涌现出来的。

拥有是跟宇宙中的他人与他物处在某个关系中。这是一种允许并接受他物和他人进入我们的生活，与之和谐共存的能力。

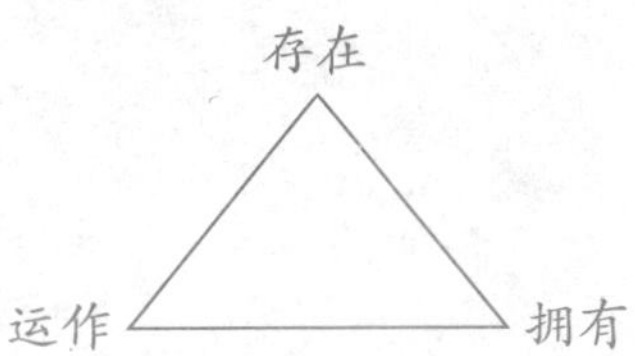

它们之间同时共存，并无冲突。

人们常常反方向地对待生活：他们想要拥有更多事物或金钱，为的是去做更多他们想做的事情，这样他们就会处于更快乐的存在状态中。

冥想的用意却不同：

通过跟我们的存在接触和沟通，

来帮助我们集中精神，促进我们的行为表现。

从而深化、拓展和排列我们的拥有。

三项必要元素

在任何情况下，以下三项元素决定了冥想能够在多大程度上取得成功：

1.愿望。你必须要有一个真正的愿望，想去拥有或创造你所想象的事物。问问自己："在我心底，是否真的渴望这个目标实现？"

2.相信。你越相信所选定的目标以及实现它的可能性，你就会在实现目标的时候越坚定，达成目标的可能性也就越高。问问自己："我相信这个目标是合理的吗？""我相信自己可以达成它吗？"

3.接受。你必须愿意接受和拥有你所寻求的事物。有时候我们追求一些目标，却并不是真正想要达成它们，而是更热衷于那个追求的过程。问问自己："我是否真的完全愿意去拥有它？"

我将这三项元素的总和称为"意愿"。当你具有创造某个事物的强烈意愿时——也就是说，你深深地渴望，确信你可以达成它，并且百分之百地愿意去拥有它——它就能以某种形式在你的生活中呈现出来。

你的意愿越清晰、越强烈，你的冥想就见效越快、越轻松。任何时候你都可以先确认自己意愿强不强。如果它很弱或者不确定，那就需要深入观察，看看你的疑虑、恐惧、冲突和关注到底是什么。有时候你的犹豫可能透露出你有情感和信念上的问题需要澄清和治愈。在有些情况下，犹豫可能在暗示你，那不是一个真正适合于你的目标。

接触更高的自我

要提高冥想的有效性和成功率，最重要的一步就是跟你内在的灵性相连通。

你的灵性资源可以提供无尽的爱、智慧和能量。对你来说，这个资源或许是上帝、宇宙或者你的本性。不论赋予它们什么样的概念，它都可以在当下、在我们每个人的内心被找到。你可以想象这是跟更高的自我、那个寄居在你身上的智慧生灵接触。跟更高自我沟通的时候，你具有一种对力量、爱和智慧深深的明了与确信。你正在创造自己的生活体验，同时你有能力去创造对你的学习和成长最为重要的体验。

虽然我们可能不曾使用“更高自我”这个词，但是我们都有过跟更高的自我相连通的体验。感觉特别轻快、明晰、强大，就如处于“世界之巅”或“能移山倒海”，这些都是跟更高的自我相连通的征兆，通常所说的“陷入爱河”也是如此……因为你对另一个人的爱引导你跟最高的自我相连通，所以此时你自己和这个世界在你眼里都无比美妙。

当你第一次意识到更高自我的时候，你发现它似乎来去无踪，不可捉摸。前一刻你还处于强大、明晰和具有创造性的感觉中，后一刻你可能又被扔回到混乱与不安之中。这似乎是一个不可避免的自然现象。一旦你开始意识到更高自我，在需要的时候召唤它，渐渐地你会发现，它越来越多地跟你在一起。

你的人格与更高自我之间的连通是交互的，所以很重要的一点就是要形成双向的流动。

接收：当你在冥想中平息你的人格，进入“当下的存在”状态，你就打开了通道，透过直觉心接收更高的智慧和指引。你可以问问题，等待答案以话语、意象或感觉印象的方式降临。

行动：将自己作为生活的创造者来看待，你就会为想要创造的事物做出选择，并通过正面想象和肯定，接通更高自我的无尽能量和智慧，将它们展现在你的选择中。当这个通道能够畅通无阻地双向流通时，你就处于更高智慧的引领之中，基于这一引领，你就能以最高、最美妙的方式做出选择，创造世界。

几乎任何一种形式的修行最终都会带领你去体会灵性本源（即更高自我）的滋味。如果你对此没有体会，也不必担忧，只需继续修习放松、想象和肯定。渐渐地你就会开始在修行中经历到某些恍然大悟的时刻，你感觉事情一下子变得尤为顺畅。甚至一股能量流经全身，或者浑身散发出温暖的光辉。这些都是你开始跟更高自我的能量有所沟通的信号。

这里有一个帮助你调整感觉的冥想练习。你可以在静坐的开始阶段定时做：

以一个舒适的姿势坐或躺着。彻底放松……让所有的紧张都释放到你体外……缓慢而深入地呼吸……越来越深地放松。

想象你心中的光亮——温暖而闪耀。体验它正在扩散和增长——闪耀出越来越远的光芒，直到你像太阳那样，将爱的能量放射到周围的一切事物和每一个人身上。

以确定的口气对自己默念："神圣之光和神圣之爱正通过我，向我周围的万物发散。"

一次次地对自己复述这句话，直到你对自己的灵性能量产生了强烈的感觉。如果你愿意，也可以默念对自身力量、光辉或创造性能力的肯定陈述，诸如：

我浑身充满创造的能量，
在我生命的此时此刻，
我心中的光辉正在创造奇迹。

你可以运用任何有意义和影响力的语句来做这个练习。

顺其自然

顺其自然是运用冥想的惟一有效方式。这就意味着你无需往自己想去的方向施加主观的努力。你只需将想去的地方铭记在心，然后耐心而悠然地徜徉在生活的河流中，顺流而行，直到它将你带到目的地。生活的河流有时会绕着你的目标打转，甚至会暂时与你的目标背道而驰，但是从长远看，比起无谓的挣扎和奋斗，它可以更轻松、更自然地将你送达目的地。

顺其自然意味着轻柔地跟随你的目标（虽然它们可能看上去很重要），并在更合适、更如意的情况出现时，愿意改变自己的目标。顺其自然也是在心怀明确目标的同时又能欣赏一路美景的那种平衡，当生活开始将你带到另一个方向去的时候，你乐意去改变自己的目的地，这也是顺其自然。简而言之，顺其自然就是既坚韧不拔又能屈能伸。

如果你对能否达成目标寄予了太多牵挂（也就是说，如果没有获得你想要的，你就会非常不安），你就很容易陷入自我对抗。当害怕没有获得自己想要的，你可能将能量给了那个“不能得到”，这实际上就抵消了实现目标的能量。

假如发现自己对某个目标过于执著，最有效和适当的办法就是首先去处理你的执著。你或许应该好好察看一下为什么这么害怕不能达成目标，同时你可以做一些肯定陈述的练习，帮助自己获得更多的自信和安全感，或者帮助自己去面对恐惧。

例如：

宇宙正在完美地运行。

我不必滞留于此。

我可以放下执著，放松下来。

我可以顺其自然。

我相信自己。

我具备所需要的一切条件。

我心中想要爱就有爱。

我是一个可爱而又友善的人。

我完整而圆满。

神圣之爱指引着我，照料着我。

宇宙始终都支持着我。

你可能会发现我在后面给出的清理过程效果很好。我也建议你查阅我的推荐书目，这些书可能对你有帮助和启发。

当然，你完全可以对某个你具有执著情绪的事物做冥想——有时候这样做很管用。但是假如它没有起作用，你必须意识到，你可能会出于恐惧而在造成冥想目标没有达成。这种情况下，最重要的是放松下来，接受自己的感受，接受你没能马上实现目标的想法，更深入地去看你的恐惧，明白解决冲突不但是个人成长的重要部分，也是在更深层次了解自己的一个绝佳机会。

做冥想的任何时候，如果你感觉自己勉为其难，那就退后一步，问问更高的自我，这件事是不是真的最有利于你，或者你是不是真的想要它发生。你或许还没有准备好去接受它，或者，宇宙可能正向你展示其他你都没有想到的更好的事情。

最近有一位男士告诉我以下这个故事：几年前，他一直努力想要成为一个出色的喜剧演员。他看了这本书之后，试图把自己想象成一个成功的喜剧演员。但是不管他怎么尝试，就是不能取得这个场景的清晰画面或感觉。他把这一现象看成是一个信号，提示他重新检验自己的目标。经过不断的内心探索，最终他重回学校读书，并成了一名牧师和心理治疗师，这正是他喜欢做的事情。如今他还在一家全国有名的电视台做脱口秀主持人，主持一档以超自然和特异现象为主题的节目。像这样不同事业的混合对他而言再合适不过了！在这个例子中，不能冥想到自以为想要的东西却帮助他找到了一个全新的生活方向。这个故事也告诉我们，我们可能并不确切地了解自己想要什么。我们必须随着整个过程自然地展开。

丰盛

冥想整个过程的重要的一个部分就是要培养一种丰盛的感觉。这意味着有意识地采取这样一个视角来看待或理解事物：宇宙是充裕的，生活实际上想要满足我们真正的内心渴望——无论是灵性上的、精神上的、情感上的、身体上的。每一件你所真正需要或想要的事情几乎都有问必答：你只需相信事实就是如此，并真正渴求它，愿意去接纳它。

失败的一个最为普遍的原因就是在追寻你想要的事物时的匮乏意识。这是一种如下的态度和信念：

这事情不是人人轮得上……

人生是苦……

你有很多而别人都不够，这是不道德和自私的……

生活艰难困苦，充满着泪水……

为了得到你想要的任何事物，你都必须辛苦工作，做出牺牲……

贫穷更正直、更有灵性……

这些都是虚假的信念。它们都是基于对宇宙运行法则的不了解和对一些灵性法则的误解。这些信念对你或其他任何人都没有好处；它们限制了我们所有人去实现丰盛和富足的自然状态。

当前世界上有很多人处于贫穷和饥饿状态，但是没有必要去制造和延续这样的状态。事实上，如果我们愿意敞开心胸、迎接富足，并改变利用和分配资源的方式，目前的资源供应地球上的每一个人早已绰绰有余。宇宙是一个巨大的富足之地，无论是物质上还是精神上，我们都可以自然地活在丰盛之中，活在平衡与和谐之中。

现代人已经跟丰盛这一自然状态失去了联系。我们共同创造了一个完全失去平衡的世界，其中只有相对少数的一些人占有着远远超过他们所需的财富，并几近濒危地消耗自然资源，而大多数人却在严重的贫困状态中挣扎。我们都对这一现实负有责任，但我们可以通过改变思维方式和生活方式来改变它。我们需要重新获得欣赏和享受生活简单之美的能力。我们这些生活在工业时代的人都需要培养一个更简朴、更自然的生活方式。我们需要认识到，在基本需要得到满足之后，丰盛更多地事关创造天赋的圆满表达以及接受和给予之间的平衡，而并非意指奢华的消费倾向。

事实上，地球是一个极为美好、漂亮而又滋润的地方。惟一的“魔鬼”来自我们对这一真相的缺乏了解。魔鬼（无知）就像一个阴影——它本身不具有实质性，它只不过是缺乏光照。你不能通过跟阴影作战而消除它，你不能踩踏它、责骂它，任何情绪上和实体上的抵制都没有用。为了让阴影消失，你必须播撒光明。

检查一下你的信念系统，看看你是否因为没有充分信任丰盛和繁荣的可能性而阻碍了自己的发展。你能否真正实际地将自己想象成一个成功、满足和充实的人？你能否真正睁开双眼，看到周围的美好和富足？你能否想象这个世界被转化成一个繁荣昌盛之地，住在上面的每一个人都兴旺发达？

除非你能够创造一个足以实现每个人愿望的美好世界作为背

景，否则，在创造你个人所渴望的事情时，你就会出问题。

这是因为人性本善，如果我们必须通过剥夺他人才能得到某些东西，我们大部分人就不愿意去拥有它们。

我们必须从根本上认识到，拥有我们真正向往的事物，对人类幸福和支持他人去为自己创造更多幸福都是有好处的。

为了创造丰盛，我们需要想象我们生活在自己向往的生活中，做着自己喜欢的事，对自己取得的一切感到满意，但是这一切都需要一个背景：其他人同样如此。

带着玩乐的心态，尝试做以下的练习，以刺激你的想象力，拓展你想象丰盛和富足的能力：

充裕冥想

以舒服的姿势坐着，完全放松自己。

想象自己处在美好的环境中——也许是一片开放的草地，溪流从中穿过，或者是海边的沙滩上。花一些时间去想象所有美丽的细节，并去感受乐在其中的愉悦心情。现在，你可以开始散步，不久你发现自己处在一个全然不同的环境中，也许徜徉在一片如波浪般翻动的金色稻田，或者，在湖中游泳。继续漫步和探索——找到更多越来越美的环境——山川、森林、沙漠，任何可以满足你幻想的景致。花一些时间去感受和欣赏每一处美景……

现在，想象你回到了一个简单而可爱、任何你感觉最适合于你的环境中。想象可爱的家庭、朋友和社区围绕着你。想象你做着自己喜爱的工作，以创造性的方式表现自己。无论从你个人的内心满足、他人对你的欣赏，还是从财务报酬来讲，你的努力得到了充分的回报。想象你感觉非常充实，全方位地享受着生活。退后一步，看看你能否想象这样一个世界：人们都过着简单而富足的生活，人与人之间、人与地球之间和谐共处，其乐融融。

肯定

我在简单中找到丰盛。

这是一个富足的宇宙，对我们所有人来说都绰绰有余。

富足是我存在的真实状态。现在我准备好愉快地全然接受这一状态。

上帝是经久不衰、无穷无尽、供给我一切的源泉。

我完全有理由变得丰盛与快乐。现在我就处于丰盛与快乐之中！

我越丰盛，就越多跟人分享。

现在我准备好了接受生活派送给我的所有快乐与丰盛。

现在，这个世界正成为每一个人都富足美满的地方。

经济上的成功正轻松自然地向我走来。

现在，我正享受着经济上的富裕！

生活本身就充满乐趣，现在我愿意好好地享受它。

在意识及其实现中，我都是富裕的。

现在我有足够的金钱可以满足我个人和家庭所需。

现在我收入满意，每个月有××元。

我对自己的经济状况满意。

我感到富裕、美好和快乐。

接受你的好

为了运用冥想创造你想要的，你必须愿意和能够接受生活所能给予你的最好的东西——你的“好”。

奇怪的是，我们许多人似乎很难接受自己想要的东西成为现实的可能性。这通常源自我们早年养成的“觉得自己配不上的情结”。这一基本信念可以表述如下：“我真的不是一个很好的人（不可爱、没什么用），所以我不配得到自己想要的东西。”

这一信念通常跟其他信念混杂在一起，有时候甚至跟一些矛盾的信念混在一起，比如：你是一个非常好、配得上一切的人。但是假如你发现自己在想象身处最佳环境时出现问题，或者脑海中闪出诸如“我永远也不会拥有那个东西”、“那不可能在我身上发生”这样的念头，你最好重新审视一下你的自我形象。

自我形象是你看待自己和感受自己的方式。它常常较为复杂，具有多面性。为了解自我形象的各个方面，你可以在一天的不同时间、不同处境问自己：“此时此刻我对自己的感觉是怎样的？”留意你对自己具有什么样的观念或形象。

了解自我形象的一种非常有意思、也颇具揭示性的方式是去了解自己的身体形象，问自己：“现在的我在自己眼里是怎样的？”如果你发现自己尴尬、丑陋、肥胖、瘦弱、个子太高或太矮，不管是怎样的，它都告诉你一个事实：你不够爱自己，所以没有给予自己真正配得上的——也就是最好的。我看到许多美丽而富有魅力的人经常认为自己是丑陋而低下的，这真是一件令我惊讶不已的事情。

肯定和冥想是创造更正面、更中意自我形象的一个好办法。一旦了解到你不爱自己的许多方式，你就可以抓住每一个机会对自己做正面的、欣赏的和爱的陈述。注意对自己苛刻与责备的时候，有意识地开始对自己表现得更友善和欣赏。你会发现，很快你就会对其他人也变得更有爱心了。

想想自己身上你确实欣赏的那些品质。就像你虽然清楚地看到朋友身上的不足和缺点而仍然爱他一样，你虽然意识到你需要成长和发展的方方面面，但是你依然可以爱着真实的自己。这样做真的会让你感觉很棒，而且它真的会在你的生活中创造奇迹。

学会告诉自己：

我是值得爱的。

我是友善和有爱的，并且我有许多东西可以跟人分享。

我聪明、有天赋，又极富创造力。

我很有魅力。

我配得上生活中最美好的事物。

我有很多能够给予他人的东西，每个人都知道这一点。

我爱这世界，这世界也爱我。

我愿意活在快乐和成功之中。

你也可以运用任何其他有益的言辞对自己加以肯定。

在做这类肯定的时候，运用第二人称并加上你的名字是非常有效的办法，例如：

苏珊，你是一个很棒、很有趣的人。

我非常喜欢你。

约翰，你是如此温和而友爱。

为此，人们真的很欣赏你。

像这样直接对自己做肯定陈述尤为有效，因为我们很多负面形象都是因为早期受到其他人对自己这样那样的负面判断影响。

尝试在脑海中勾勒自己最为清晰的形象，并且就像对自己关心的人所做的那样，送出对自己的爱。

告诉自己：

我爱你。你是一个很美的人。

我欣赏你的敏锐与诚实。

冥想可以运用于任何你所感觉到的问题。例如，假如你觉得自己体重超重，可以同时运用两个方法：

1.透过肯定陈述和爱的能量，学会去更多地爱和欣赏自己现在的样子。

2.透过冥想和肯定陈述，开始想象你想要成为的样子——身材匀称、健康快乐。这些技巧对改变现状极为有效（记住，超重和其他很多身体上的问题常常具有很深的心理根源，所以寻求专业的心理治疗师或互助团体有时候也极为重要。）

这两个技巧你同样可以有效地运用在任何对自己不满意的地方。

记住，每一刻你都焕然一新、整装待发。每一天都是新的一天，每一天都是一个机遇，去成就一个充满爱、富有魅力的真实的你……

除了提升自我形象，重复做迎接宇宙之善的肯定陈述也非常重要。例如：

我敞开胸怀，接收这丰盛宇宙的赐福。

一切美妙之事都轻松自然地向我涌来（你可以用其他词语代替“一切美妙之事”，比如：爱、丰盛、创造力、相爱的关系等）。

我接受我的优点，此时此地它们正在我身上洋溢开来。

我配得上最好之事，最好之事此刻正在降临。

我接受越多，就给予越多。

这里有一个冥想法，你可以用来提升自尊，增进你处理宇宙之爱和宇宙能量的能力。

自我欣赏冥想

想象自己处于某个日常环境中，设想有人（可以是某个你认识的人，也可以是一个陌生人）以爱慕的目光看着你，并告诉你，他们真的很喜欢你身上的某些特质。然后开始设想有更多人出现，他们都认同你很出色。（如果这让你感到尴尬，不要放弃，继续这样做。）想象越来越多的人赶过来，都以无比爱慕和尊敬的目光看着你。设想自己走在队列中，或者站在舞台上，人们兴高采烈，围着你欢呼，爱你，欣赏你。仔细聆听他们的欢呼声。站起来，鞠一个躬，感谢他们对你的赞赏。

这里还有一些自我欣赏的肯定陈述供参考：

我毫无保留地接受并热爱自己本来的样子。

我无需迎合或取悦任何人。我喜欢我自己，这才是根本的。

在其他人面前，我对自己极为满意。

我轻松、自由、充分地表达自己。

我力量强大，充满爱心，富有创造力。

回流

另一个重要原则就是给予，或称“回流”。宇宙是由纯粹能量构成的，而能量的本质就是流动。生活的本质是不断地变化和起伏。明白了这一点之后，我们就会融入它的节奏，自由地给予和接受，知道我们决不会真正失去什么，而只有不断地收获。

一旦我们开始学会接受宇宙之善，自然地我们就想要去分享它，从而认识到，在我们给出能量的同时，我们也留出了更多流入能量的空间。

当我们觉得不安全（恐惧），觉得“还不够”的时候，我们就想要抓住自己已有的东西，这样等于切断了这股美妙能量的流动。在固守已有的过程中，我们中断了能量的流动，也无法为新能量的流入腾出空间。

能量有很多形式上的变化，比如：爱、慈善、欣赏、认可、物质财富、金钱和友谊等。这一法则同样适用于能量的各种形式。

如果你环顾四周，你会发现那些最不开心的人往往是那些情感“饥饿”的人，面对生活，他们采取的是一种紧抓不放的姿态。他们觉得生活和其他人往往不会给予他们想要的东西。这就好像给生活上了一个枷锁，虽然万般渴望从中榨取爱与满足，但是实际上却扼杀了它们。我们许多人多少都有这样的倾向。

当在自己身上发现了给予的合理取向时，我们就开始逆转能量之流。真正的给予并非来自自我牺牲或自以为是，也不是来自某个灵性的观念，而是出自于纯粹的愉悦——因为它很有趣。给予只能出自洋溢的爱。

我们每个人的内在都储藏有无限的爱和快乐。我们都习惯性地认为：为了得到快乐，我们必须到外部去寻找，事实正好相反。我们一旦接通内心快乐和满足的源泉，它就会向外流淌，与人分享——不是因为这样做是一种美德，而是因为这样做感觉很好！一旦我们跟它心有灵犀、步调一致，我们就会自然地想要分享，因为那是爱的天性，而我们都是爱的生物。

当爱的能量向外流出，我们就为更多爱的能量的流入腾出了空间。我们很快就会发现，这一过程是如此美好，我们只想要更多地分享。你分享得越多，你从周围世界得到的就越多，因为它符合流入——流出原则。（大自然憎恨真空，当你流出，你就创造了必须流入的空间。）给予本身就成了回报。

当我们充分了解和活出这一法则的时候，我们就将内心固有的爱的天性展现了出来。

但是，请记住，健康的给予是当你感觉不对时能够说“不”的给予，除非你敞开同样的胸怀去接受，否则你做不到持续地给予……那个“给予”同时也意味着给予你自己……

流出是一件熟能生巧的事情。为了得到那种流出的美好体验，你必须有意识地进行练习。如果你想在这一部分有所扩充，你可以尝试以下流出练习：

1.用你所能想到的尽可能多的方法，向其他人更多地表达你对他们的欣赏。现在就坐下来，列出一张名单，写上你乐意向他流露爱和欣赏的人名，并想出你可以运用的表达方式。你可以采用很多流出的方式：言语、肢体接触、一份礼物、一个电话、一封信、金钱。选择那些让你感觉特别好的事情，即便对你来说做到它有点难度。

练习适时对人使用更多表示感谢、欣赏和爱慕的言语。“衷心感谢你的帮忙。”“我想让你知道，我对此十分欣赏。”“你说到那些事情的时候，眼睛闪闪放光，非常漂亮，看到你我真开心。”（在说这些话的时候，即便你有一些尴尬，也没有关系。）

2.检查一下你的个人物品，找出那些你不想使用或不经常使用的物件，把它们送给会更喜欢它们的人。

3.如果你是一个用钱节约、喜欢讨价还价的人，你可以尝试着每天花一点钱在不必要的事情上。额外多花一点钱犒劳自己，给朋友的咖啡买单，或者做一些捐赠。即便是这样的一个小小行为，也足以成为一个看得见的证据，表明你相信你在肯定陈述中所肯定的：宇宙是一个丰盛之地。在这里，行为上的肯定等于言辞上的肯定。

4.从收入中捐出一部分。将你收入的一定百分比捐给教堂、灵性团体或任何你觉得值得为之做出贡献的团体或个人。这是支持能量流动的一种方式，同时也是答谢你从宇宙那里接受的一切，所以你拿出一部分回馈给宇宙。这个百分比是多少没有关系。即使是收入的百分之一，也会给你带来持续的流出体验。

5.新点子。为了你自己和他人的利益，想想其他能量流出的方式。

疗愈

冥想是创造和维护健康最为重要的方法之一。整合性健康的一个基本原则是，我们不能将身体健康跟情感、精神和灵性状态割裂开来。所有这些层面都是相互联系的，“疾病”通常也是在其他层面上有冲突、紧张、焦虑或不和谐等状态的一个反映。因此当我们身体上有所不适时，它无疑也在传递一个信息，要我们去深入洞察我们的情感和情绪、思想和态度，看看我们可以做些什么来恢复我们天然的和谐与平衡。我们必须转向内在，侦测内部的进程。

冥想是一种从心灵到身体的信息传递方式，期间我们有意无意地在心中形成意象和思想，然后作为信号或命令，将它们传递给身体。

而有意识的冥想就是创造正面的思想和意象以取代负面的、紧缩的、病态的思想和意象，并将它们传递给身体的一个过程。

治愈我们自己

有时候，我们生病是因为我们从内心层面上相信疾病是对某些处境和环境的适应性反应，因为从某种角度看，疾病似乎有助于我们解决某个问题，以此获取自己所需要的，或者它可以为某些未获解决和无法承受的内心冲突找到出路。

以下是这类疾病的几个例子：有人因为被暴露在可传染疾病区域内（因此认为染病不可避免或概率很高）而生病；有人死于跟父母或家族成员同样的疾病（因为他无意识地走进和追随同样的生活模式）；有人为了逃避工作而生病或遭遇意外（不是他在工作中有些无法面对的事情，就是他在生病之前不给自己留出必要的休息时间）；有人生病是为了得到关爱（这是她作为一个小孩获得父爱的一种方式）；有人终身压抑他的情绪最终死于癌症（他无法解决积攒的情绪压力和认为不应该表达这些情绪的错误信念之间的冲突）。

以上这些例子并不说明所有的疾病都可以用一个干脆的解释

打发。和我们碰到的其他问题一样，它们都有许多复杂的因素。但我确实希望说明这样一个事实：除了身体因素之外，疾病也是情感、精神和灵性等因素作用的结果，疾病可以给我们自身内在的问题或生活中的问题寻求解决途径的一种企图。如果我们愿意深入觉察自身的情感和信念，我们常常会在各个层面上都得到治愈。

基于这个观点，我们就以建设性的态度来看待疾病。与其将自己看成是疾病的“牺牲品”，或者将疾病看成是无法避免的灾难与厄运，不如将它看成是一个特别有用的信息。如果我们受困于这样那样的身体上的不适，这是一个信息，要我们向内看，看看我们的意识中是否有什么需要辨识、确认和疗愈的。

疾病带来的信息常常是叫你安静下来，花更多时间接触内在自我。疾病常常逼迫我们放松下来，放下所有的忙碌与努力，而沉入到意识的深层，去接收我们所需要的滋养性能量。

虽然我们也需要外部的治疗，但根本的疗愈总是来自内在。当我们允许自己安静下来并定期跟内在层面接触的时候，我们或许就不再需要通过生病来唤起对内在自我的注意了。

疾病和“意外”常常是一些内在问题需要解决的征兆。或许有压抑的情感需要去体验，或者在某些方面需要更好地照料自己。尽你所能地安静下来，聆听内在的声音，叩问它所传达的是什么样的信息，在目前处境下你需要怎样去认识自己。你可能一个人就可以做到上述事情，或者，你也可以找一个咨询师、治疗师、朋友来帮助和支持你。

很重要的一点是，你无需为任何疾病或身体上的问题而感到“内疚”或“罪责”。生病并不表示你就是一个无意识的人。相反，你可以将生病看成是成长经历中的重要组成部分，看成是可以帮助你学习和成长的一份礼物。

冥想是疗愈的一个有效工具，因为它直达问题的源头——你自身的概念和意象。想象自己处于良好的健康状况，将自己的问题看作已完全治愈。在不同的层面可以采用不同的方法，你需要找到最有效的肯定和意象。我在本书第三部分给出了一些建议供参考。

当然，“预防医疗”总是最好的……如果你没有健康问题，那再好不过；你只需肯定和想象自己一直处于健康有活力的状态就可以了，就是那种自己永远也无需为康复担忧的感觉。如果你早已碰到了一些健康问题，令人安慰的是，“治愈”的奇迹每天都在发生，即便是一些非常严重的疾病，比如癌症、关节炎、心脏病等，都可以通过运用各种冥想得以治愈。

本书出版这么多年来，已经有几百个人告诉我，书中的观念和技巧帮助他们治愈了严重的疾病和伤害。例如，有一位女士遭遇了严重的车祸，曾经昏迷了一段时间，医生告诉她：运气好的话，可能需要几年时间她的各项功能才能恢复正常。但运用冥想配合医学治疗，在三个月内她就完全康复并回去上班了。

一位男士给我写信讲述了他的故事：他被确诊长了一个手术无法摘除的脑瘤。他在震惊之余，深入检查了自己的生活，认清了他在哪里有堵塞和挫折。他运用本书提供的技巧（配合日常的医疗呵护），解决了自己的一些生活问题，最终肿瘤消失了，几年来也没有复发。

许多人告诉我，他们在被确诊为晚期癌症之后开始运用冥想，几年之后，他们依然健康地活着。我母亲就是运用冥想的方法不动手术就消除了胆结石。医生看了前后两张X光片后（其中一张是带胆结石的，一张是通过一段时间的冥想实践胆结石消失了的），简直无法相信这一事实。

当然，这些例子之所以能够治愈跟很多因素有关。但是，这么多的例子加上我的个人体验让我相信，冥想可以成为一个非常有效的疗愈工具。

在有些情况下，作为一种治疗技术，冥想可以单独见效。在另一些情况下，它有必要配合其他治疗手段。只要你内心对某些治疗方法有信心，就想尽一切办法去运用它！如果你渴望或相信它会见效，它就极有可能会奏效。在必要的情况下，不要拖延做医学上的治疗。但是不管运用什么样的治疗，无论是传统的医疗或手术，还是诸如针灸、瑜伽、按摩、食疗等更具整合性的治疗手段，冥想都可以作为一个有益的补充手段，你可以结合其他治疗方法同时使用。有意识地运用冥想可以令人惊奇地加快和平顺治疗进程。

记住，不是所有的毛病都可以在康复的意义上被“治愈”的。有些毛病是服务于我们的人生目的或灵魂之旅的，可能会长期甚至终身伴随我们。在这种情况下，我们可能需要运用冥想和肯定来帮助我们接受自身的限制，尽最大可能过得快乐而充实。

还请记住，我们每个人都必定会在某个时间点上从肉身转化到另一个国度。大部分是通过疾病这个交通工具。如果一个人在深层次上（通常是无意识的）决定离开此生，那么他想要“治愈自己”或者他的亲朋好友想要治愈他的做法，可能就会不合时宜或者无法见效。假如治愈的尝试无法见效，有时候就需要专心想象生命的和平与圆满，并坦然接受和拥抱死亡。

治愈他人

在我们自己身上见效的法则用在其他人身上同样有效。

这是因为宇宙是一体的，我们意识的一部分直接跟其他人的意识相关联。而这部分意识也跟全能全知的神性相关联，所以我们都有不可思议的治愈力量以供调配。

这真是一件令人惊讶的事情，只需改变你对另一个人所持的看法，并有意识地向其投射和保持一个健康的意象，这样通常都会很快治愈这个人，在其他情况下则会加速和平顺他们的治愈进程。他们甚至都没必要知道你在做什么；在某些情况中，生病的当事人不知道你所做的反而具有更好的效果。

我从小在一个相当科学和理性的环境中长大，远距离治疗能力对我来说是很难理解和接受的。但在见识和经历许多这样的事情之后，我不再有怀疑了。已经有一些有趣的科学研究肯定了祈祷和冥想的治愈力量。

在我个人的经验中，最好的疗愈方法就是将自己想象成疗愈能量的一个通道，并想象宇宙的灵性能量通过自己流向那个需要的人。想象将自己的更高自我能量传送给另一个人的更高自我，无论他需要什么用于疗愈，都支持他，同时记住，如果那个人不选择康复，那也没有关系。与此同时，将他想象成他真正的样子……一个神圣的生物、上帝的完美表达……天性健康和快乐。

在本书第三部分，我将描述对我来说最为有效的疗愈方法，我期待你去尝试运用它们，并找到你自己的方法。

第三部分

冥想与肯定

你定意要做何事，必然给你成就。

亮光也必照耀你的路。

——约伯记（Job 22：28）

接地和能量流动

这是一个非常简单的冥想练习，适合在每一次冥想的开头做。它的目的是让你的能量流动起来，消除障碍，让你保持跟身体层面的紧密联接而不会在冥想中被“虚化”。

背部挺直，安坐不动，可以坐在椅子上，也可以盘腿坐在垫子上。闭上眼睛，缓慢而深长地呼吸，从10数到1，直到你感到完全放松。

想象在你脊椎的底部附上了一根绳索，穿过地板，伸展到地下。如果你愿意，你可以将它想象成树根，深深地扎进土壤。这就是所谓的“接地索”（grounding cord）。

现在开始想象土地的能量通过这根索道向上流动（如果你坐在椅子上，能量就穿过你的脚底往上），涌入你全身各个部分，并从你的头顶流出去。反复冥想，直到你感到这个能量通道已经建成。现在开始冥想宇宙的能量从你头顶流入，穿过你的身体，往下经过你的接地索和脚底流入大地。同时感受这两股不同方向的能量之流，以及它们在你体内的和谐共存。

这一冥想练习可以让你在奇思异想的宇宙能量和稳健踏实的大地能量之间保持平衡……这一平衡可以在促进你的健全感的同时也增强你的表现力和创造力。

打开能量中心

这是一个疗愈和净化你的身体，并增进你的能量流通的冥想练习。这个练习十分适合在早上刚醒来的时候做，也可以在每次冥想开始的时候做，或者在任何你需要放松和“充电”的时候做。

朝天仰卧，双手置于两侧或合拢于腹部。闭上双眼，放慢呼吸，使之变得轻柔而深长。

想象围绕着你头顶有一个金光闪闪的光环。将意念放在光环上，感觉它是从你头顶散发出来的，同时做5次缓慢而深长的呼吸。

现在将你的意念移至喉部。再次想象从你的喉部散发出一个金色光环。意念放在光环上，做5次深长呼吸。

将意念移至胸部中心。再次想象金色光环从胸部中心散发出来。再做5次深呼吸，其间你会感觉到能量在不断增长。

接着，意念转移到腹部神经丛，也就是肚脐区域。冥想腹部中央放射出金色光环，同时做5次深呼吸。

现在开始冥想骨盆部位的光环。再做5次深呼吸，感觉光的能量在发散和扩大。

最后，冥想脚部的光环，同时再做5次深呼吸。

现在想象所有6个光环同时闪耀，你的身体就像一串宝石那样放射着能量。

深深地呼吸，呼气时想象能量从你的头顶往身体的一侧流下来，一直流到脚上。吸气时想象能量沿着身体的另一侧往上流，直达头顶。像这样让能量在你身上流转3圈。

然后呼气时冥想能量从头顶流经身体前部直达脚部，吸气时感觉能量从背部往上流直达头顶，如此循环

3次。

现在想象能量聚合在你的脚部，让它慢慢穿过身体的各个中心往上流到头部，就像光的喷泉一般，从你的头顶放射开来，然后通过身体表面流回到脚上。根据自己意愿，像这样重复几遍。

冥想完成后，你会彻底放松，同时又能量充足，满心欢喜。

创造你的心灵幽静处

运用冥想时，首先要做的事情之一就是为自己创造一个随时可以造访的心灵幽静处。那是一个放松、宁静和安全的理想处所，你可以完全按照自己的想法去创造这个心灵幽静处。

闭上眼睛，放松身心。想象自己身处在某个美丽的自然环境中。它可以是任何你所喜欢的地方……草地、山顶、森林、海边等，甚至可以是海底，或者另一个星球。不论是哪里，总之它会让你感觉舒服、愉悦、平和。在这一环境中巡视，留意那些视觉上的细节，包括其中的声响和气味，以及它所留给你的特别感受和印象。

现在你可以做任何喜欢做的事情，使它变得更像一个家，更舒适。你或许想在那里建造某个类型的房子或屋顶，你也可以在整个区域周围包上一层保护性的金色光环，在其中创造和安排好舒适而享受的物件，或者举办一个仪式，使之成为你的一块特别宝地。

从此之后，它就成了你的个人幽静处，你只需闭上眼睛、心生向往就可以随时回到那里。在那里，你始终能找到身心的疗愈与放松。对你来说，它也是一个具有特殊力量的地方，每次做冥想的时候，你可能都会希望进入其中。

你可能发现，你的心灵幽静处会不时自发地发生变化，或者，你想要在其中做一些改变和补充。在心灵幽静处，你可以变得十分富有创造性，并尽享其乐……只需记住，保持那个平和、宁静和绝对安全的感觉。

结识你的向导

我们所有人的内心都具备无穷的智慧和知识。它就是我们的直觉心，是我们跟宇宙智能沟通的纽带。不过，我们常常觉得很难跟更高的智慧有所沟通。最好的沟通办法之一就是去结识你的内在向导。

内在向导常被冠以很多名称，比如，顾问、灵性导师、虚拟朋友、师傅等。它是你身上的智慧体，会以很多形式出现，但通常是以一个人或生物的形式出现，就像一个睿智而友善的朋友那样，你可以跟它交谈和联络。

下面是一个帮助你结识灵性向导的练习。如果你愿意，你可以在做这个冥想的时候叫一个朋友为你伴读以下的段落。否则的话，你首先通读一遍，再闭上眼睛做练习。

闭上眼睛，彻底放松。去到你的内心幽静处，在那里待上几分钟，放松休憩。现在想象你站在幽静处一条通往远方的路上。你开始沿着道路往前走，走着走着，你看见远处有物体正在过来，放射着清晰而明亮的光芒。

随着物体临近，你开始看清这个物体是一个男人还是女人——或者，也可能是一个动物。如果是人，是什么年龄？衣着如何？走得越近，你可以看到越多外形和脸部的细节。

向这个物体问好，请教他或她如何称呼。哪个名称先出现就用哪个名称，不必犹豫和担心。

现在带着你的向导环游你的幽静处，并共同探索未知区域。你的向导或许会给你指出一些你从前没有看到的地方，或者，你只是尽情享受跟它相处的乐趣。

问你的向导，此时此刻他或她是否想跟你说一些什么话，或者是否想给你什么建议。如果你想的话，也可以问一些具体的问题。他或她可能马上就回答你，但是如果没有，你也不要气馁——答案以后会以某种形式出现在你面前。

当你跟他或她待在一起的体验都已到位的时候，对你的向导表示感谢，并邀请他或她再次到你的幽静处与你相见。

睁开眼睛，回到外在世界。

人们在结识他们的向导时有种种不同的经验，所以很难概括地加以描述。总之，如果你对自己的体验感觉良好，那就挺好的，如果不是这样，你可以增强创造性，尽力改变这个状况。

如果没有清晰而准确地觉知到你的向导，你也不用担心。有时候，它们确实会停留在一个发光的形态，或者一个模糊不清的形象。重要的是，你能够感受到向导的存在、力量和慈爱。

如果你的向导以你认识的某个人的形象出现，那也挺好，除非对此你感觉特别不好。在这种情况下，重新做这个练习，并要求向导以平易近人、令人欢喜的形式出现。

如果你在冥想中遭遇的那个形象看上去武断、苛刻、没有爱心，你或许碰触到了你内在的评判者或其他什么能量。礼貌地感谢他们的现身，请他们离开，并恳请慈爱的、支持和鼓励你的向导来到你身边。

如果你的向导在某些方面看上去有点古怪或与众不同，那也不必惊讶……他们向我们展现的形态源自我们自己的头脑，他具有无穷的创造力。例如，你的向导可能具有不同寻常的幽默感，或者有一个异域风情的名字，或者具有很好的戏剧才能。有时候他们根本不用言词做交流，而是直接传导感觉印象和直觉知识。

你的向导还会不时地改变形式甚至名称。你也可能几年中始终有同一个向导陪伴你，也可能同时有好几个向导。

在你需要明晰、智慧、知识、支持、创造的灵感、爱和陪伴的时候，你的向导都在那里随时听你召唤。许多已经跟内在向导建立联系的人每天都会在冥想中见到自己的向导。

粉色泡泡技巧

下面这个冥想练习很简单，但效果极佳。

舒适地坐着或躺着，闭上眼睛，深长、缓慢而自然地呼吸。慢慢地越来越放松。

想象某个你渴望出现的事物。想象它已经发生了。在你心中尽可能清晰地刻画它。

现在，将你的梦想用粉色泡泡包围起来，将你的目标放进这个泡泡。粉色是跟心相连的颜色，如果这一颜色的振动波将你所冥想的事物包围住，它就将给你带去完全匹配你个人品性的事物。

第三步就是将泡泡放掉，想象它带着你的冥想飞到宇宙中。这表示你在情感上“放下”了它。现在它在宇宙中自由地漂浮，吸引和聚集那些促成它展现的能量。

除此之外，你什么也不用做。

疗愈性冥想

以下是一些非常有效的疗愈技巧。

自我疗愈

这个冥想法可以帮助我们找到疾病的深层原因，并缓解和疗愈它。

坐着或躺下，深呼吸，放松。从脚趾开始，将意念依次放在脚部、双腿、腹部等身体部位，渐次放松，释放紧张。感觉所有的紧张都正在消解和排出。

如果你想的话，做打开能量中心的冥想法，以便让能量真正流动起来。

现在开始想象金色的疗愈性光能围绕着自己的身体……体会它……感觉它……享受它。

如果你身体的某个特殊部位得病了或者疼痛不已，向那个部位发问，问它是否有信息要传递给你。问问此时此刻或者在你以后的生活中是否有什么事情需要你去领会和作为的。在宁静中待上几分钟，留意是否有任何回应你的话语、意象或感受出现。

如果得到回答，尽你所能去领会和追随它。如果没有得到回答，那就继续做下去。答案可能晚一点出现，或许会以一种出乎你意料的形式出现。

现在将特殊的爱和疗愈的能量导向那个部位和任何有需要的部位，并去感受它被疗愈的感觉。你或许想让心灵向导或者任何导师和疗愈师帮助你做疗愈。

冥想问题解决了，能量流开了，接下来，去冥想其他你觉得合适的意象。

现在想象自己处在自然而完美的健康中。设想自己在不同的境况中都感觉良好，状态积极而健康。想象对自己的滋养和呵护，使自己始终处于健康状态。

肯定陈述

我正在灵性、精神、情感、身体等各个层面上爱自己，疗愈自己。

我尊敬和赞美我的身体。

我聆听来自我身体的信息。

我正在学习如何照顾好自己。

我毫无保留地接受和深爱自己的身体。

我对身体很好，身体对我也很好。

我天生就健康，天生就感觉良好。

我的身体处于平衡状态，跟大地和宇宙保持着完美的和谐。

我感恩不断增强的健康、美丽和生命力。

感觉好是人的天性。

从此之后，每次做这个冥想，就想象自己处于完美的健康状态，全身都被金色的疗愈之光所包围。

疗愈他人

这个冥想是一个人单独做的，除非他人要求你给他做这样的疗愈。根据对方在潜意识层面能够多大程度接受这一疗愈观念，你可能想或者不想告诉对方你在给他做这样的疗愈。

深深地放松，这里你也可以去做任何可以让大脑进入深度宁静状态的准备工作。

将自己设想成能够灌入宇宙疗愈能量的宽敞通道。这个能量并非来自于你个人，而是来自于更高的源头，你的任务是聚集和引导它。

现在设想那个人就在眼前，问他是否有什么特别的事情需要你替他做。如果有，在你感觉合适的情况下，尽最大努力去做。

如果你感到有冲动要去疗愈此人的某一个特殊部位，或去解决某个特殊问题，那就去做。想象所有的问题都消除了，一切都完美地疗愈和康复了。

然后想象他被金色疗愈之光包围……看上去无比健康和快乐。直接跟他说话（在意念中）；提示他，他正被一个高等力量所看护着，如果他想要，就可以疗愈。告诉他，你支持他进入全然健康和快乐的状态，你会持续向他发送爱的支持和能量。

当你觉得事情处理妥当时，睁开眼睛，回到外在世界，此时你有一种耳目一新、健康舒适、精神焕发的感觉。

自此之后，那个人在冥想中就一直被当做健康人。不要将精神能量放在疾病上，只需将他看成彻底康复了。

你无需担心能量会因为发送给他人而耗竭，因为你发送的能量并不是你个人的，而是宇宙的生命力经过你流向其他人。如果你确实感到衰竭，你可能因为情感涉入太深而用力过猛。想象将此人的疗愈交给宇宙更高的力量去处理，并确信无论发生什么，都是为了他的最高利益，这样做可能对缓解你的投入有帮助。记住，我们不可能总是知道什么是我们或者其他人的最高利益。

团体疗愈

团体疗愈的力量很强大。

如果当事人在场，请他在房间中间躺下或坐着（这是最舒适的姿势），其他人则围坐在四周。

每个人都闭上眼睛，安静下来，深深放松，然后开始想象将疗愈的能量传送给中间的那个人。记住，它是通过你这个管道的宇宙能量。想象那个人被金色光环围绕，感觉良好，处于完美的健康状态。

如果你想的话，可以请每个人举起手，掌心向着中心，感觉能量通过你的手掌流向他体内。

在做疗愈的时候，花几分钟时间一起唱诵“噢姆”（om）会产生特别强大的力量，声音的振动可以加强疗愈效果。（唱诵“噢姆”就是以“噢-姆”的音节唱出深长的共鸣音，尽最大可能拉长音调，一遍一遍地加以重复。）如果大家觉得唱诵太难，可以不做，它不是必需。

如果此人不在现场，只需告知每个人他的名字和他所在的城市，然后把他当做就在现场那样实施这个过程。疗愈能量的威力完全不受距离影响，我看到许多住在远方城市里的人被奇迹般地治愈的案例，其数量和当事人在现场被治愈的案例不相上下。

疼痛疗愈冥想法

下面这个冥想技巧可以用于疗愈头疼或其他疼痛现象。

请那个人躺下，并闭上眼睛，深深地放松。让他将意念在呼吸上稍作停留，做自然、缓慢而深长的呼吸。让他从10数到1，每数一下都感觉自己进入了更深远、更放松的状态。

当他处于完全的深度放松中时，请他想象一个明亮的颜色，任何颜色都可以（请他采用出现在脑海的第一个颜色）。要求他设想一个有直径15厘米的明亮光圈。现在请他想象这个光圈渐渐变得越来越大，直到充满了他的整个想象空间。体验到这个情景之后，请他设想光圈在收缩，变得越来越小。现在让光圈变得更小，直到直径只有2～3厘米，还在收缩，最终完全消失。

现在再做一遍这个冥想练习，这一次请他设想那个颜色就是他的疼痛。

祈求

祈求的意思是“呼唤”“召唤”。在冥想中，祈求是一种祈请任何一种能量或状态的技巧：

闭上眼睛，彻底放松。先做一些准备性冥想，比如能量接地和流动，打开能量中心，或者只是待在你的幽静处，做一会儿放松和深呼吸练习。

当你在放松后感到精神焕发时，默默但坚定而清晰地对自己说，“现在我召唤爱的状态。”感觉爱的能量流向你，或者从你内心的某个地方流出，将你充满，并放射开来。停留几分钟，好好体验这个感觉。接着，如果你想的话，通过冥想和肯定将它导向某个特殊目标。

你可以运用祈求的力量召唤你想要或需要的任何状态或能量……

力量

智慧

宁静

慈悲

柔和

温暖

清晰

智能

创造力

疗愈力

……

只需对自己做一个坚定而清晰的声明，声明这一状态正降临到你身上。

另一个运用祈求的好办法是去召唤某个具有你所渴望的品质

和精神的人。如果你祈求某个导师，例如佛陀、耶稣，你实际上召唤的是那个人所象征的普遍品质，这些品质也都隐藏在每个人的心中。比如你召唤耶稣在你身上显灵，你实际上是在以一种强有力的方式召唤存在于自己身上的爱、慈悲、宽恕和疗愈力。

如果你心中存有某个引起你共鸣的导师或英雄，不论何时，只要你需要展现他的特殊品质，就通过祈求召唤他现身。

这类修持在你希望培养自己某项技能或才干的时候特别有效。例如，假如你在学习音乐或艺术，你就可以召唤任何一个你所仰慕的这个领域的大师，想象他在支持和帮助你，感受他的创造性能量和天赋在你身上贯通。不过你没必要将那个人的问题或弱点也一并召唤出来，你召唤的是他的最好一面。

运用肯定的多种方式

为了让你有一个更为积极和具有创造性的前景，也为了帮助你达成具体的目标，我们积累了很多有效运用肯定陈述的方法。

记住，在你做肯定陈述的时候，放松是很重要的。不要执著于要获得跟你的设想一模一样的结果。每个运用的过程都有一定的时机及其呈现的独特方式。

在冥想中

在冥想或彻底放松的情况下，尤其是在睡觉之前和醒来之后，对自己默诵肯定的言辞。

口头肯定

1.一天中无论何时只要你想起来，尤其在你开车、做家务或其他事务的时候，对自己默念或大声念诵。

2.面对镜子中的自己大声念诵。这一方法对提升你的自尊和自爱尤其有好处。直视自己的双眼，肯定你的美丽、爱心和价值。如果你感到不适应，坚持做，直到突破内心的障碍，能够完全体会到正视自己、爱自己的滋味。在这一过程中，你或许发现，有一些情感会涌现出来，有一些情感会被放下。

3.将你的肯定记录在录音带上，在家里、开车时或其他时候都可以对自己播放。用上自己的名字，并试着以第一、第二、第三人称来表达肯定。例如，“我，莎克蒂，处于深深放松、归于中心的状态。”“莎克蒂，你处于深深放松、归于中心的状态。”“莎克蒂处于深深放松、归于中心的状态。”

或者你也可以记录一段讲话，大约有三四段那么长，将理想中的你或某个处境栩栩如生地描绘出来。这同样可以使用第一、第二和第三人称来录制。

书面肯定

1.拿出某一个肯定，依次写上10遍或20遍，写的时候真正领会你所用的词语。如果想到了更好的说法，你可以改写那个肯定。这是我迄今为止发现的最有威力的技巧，同时也是最容易做的肯定法之一。我在本书第四部分专门用一章的篇幅介绍了这个方法。

2.将肯定写下来或打印出来，然后在你屋子的各个地方或在你的各个工作场所贴出来作为提醒。以下是一些粘贴的好地方：冰箱、电话、镜子、桌子、床头、餐桌等。

与他人一起做肯定陈述

1.如果你有一个也想做肯定练习的朋友，你可以跟这个伙伴一起做，效果极为显著。面对面坐着，四目相对，两人轮流向对方说出肯定和接受肯定。

大卫："琳达，你是一个美丽、有爱心、有创造力的人。"

琳达："是的，我知道。"或者："是的，我是这样一个人。"

如此重复10～15遍，然后相互轮换，琳达对大卫说肯定语句，大卫赞同。接下来还可以尝试使用第一人称做肯定：

大卫："我，大卫，是一个美丽、有爱心和有创造力的人。"

琳达："是的，你无疑就是这样一个人。"

重复几遍。

即便你一开始这样说感到有点含羞，但是请确保所说的肯定中肯而饱含意义。这是一个很好的机会，你可以表现你对另一个人的爱和支持，并真正地支持他将负面观念改变成正面观念。

实践证明，这样做之后，你会体会到两人之间那份充满爱的广阔空间……

2.请你的朋友经常地以一种不那么正式的方式对你说出肯定的话语。例如，如果你想要肯定自己轻松的自我表达能力，你可以请一个好朋友经常对你说这样的话："简尼，这些天来你无疑把自己表达得很清楚！"

把这个当作朋友之间的游戏，这样做很有好处。无论是好是坏，朋友跟我们说的话往往自然地对我们产生很大的效力；我们倾向于接受其他人所说的关于我们的一些话。因此，以肯定的形式从朋友那里得到正面的回馈真的是一个很有效的做法。

3.渐渐在你的会话中加入肯定——对你想要以更为积极的态度对待的事与人（包括你自己）做强烈的正面表述。只需在日常会话中逐渐有意识地加入正面表述，生活就会发生戏剧性的变化，这真的很神奇！

几句小提示：当你感觉所做的肯定表述跟自己的真实情感相违背时，不要使用这个技巧。在你感觉不安或负面性很强或所做的肯定似乎在压抑自己时，也不要使用它。用一个建设性的心态来使用它，帮助自己改变无意识中的负面话语模式及其背后支撑它的种种假设。

歌唱和唱诵

1.学习一些表达出你内心深处感受或者刻画你想要创造的现实的歌曲，然后经常地听和唱。

2. 运用你要练习的肯定制作自己的歌曲，或者形成某个简单的唱诵曲调。

更多肯定陈述

接受我们自己

此时此刻我完全地接受我自己。

我爱原原本本的自己。

我接受我所有的情感，它们都是我的一部分。

不论我的感受怎么样，我都是美丽而可爱的。

我的情感没有一个是负面的。它们都是我是谁的组成部分。

现在我希望体验我各种各样的情感。

表达自己的情感是一件好事。我现在允许自己表达情感。

在我表达情感的时候，我爱我自己。

感觉良好

享受生活、自得其乐是好事，我乐在其中。

我喜欢做一些让我感觉良好的事情。

我处于深深放松、归于中心的状态。

现在我感觉到内心深深的平和与宁静。

我很高兴自己能降临到人世，活着多美好。

人际关系

我的关系是反映我自己的一面镜子。

我的关系帮助我疗愈自己和爱自己。

在人际关系中，我是坚强的、脆弱的、充满爱的。

我值得爱，值得享受性爱的愉悦。

现在我准备好去接受一段快乐而充实的关系。

现在我准备好让我的关系发挥作用。

我爱自己，并能自然地将爱的关系吸引到我的生活中。

我现在所吸引到的那种关系正是我想要的。

面对神赐给我的完美伴侣，我无以抗拒。

我和（　　）之间的问题现在都已烟消云散了。

我爱自己越多，就爱（　　）越多。

我爱（　　），（　　）也爱我。

开放的创造力

我就是创造性能量的开放通道。

创造性思想和灵感每天都在我脑海中冒出来。

我是我自己生活的创造者。

我正在完全按照自己想要的样子创造生活。

神圣之爱和心灵向导

在这个处境中，神圣之爱正在为所有各方的利益而完美地运作着。

神圣的爱与光正透过我运作着。

神圣之爱走在我前面，为我开路。

上帝正在为我指路。

我的内在智慧正在指引我。

我正被引导到一个能够完美解决问题的方案。

我内在的光此时此刻正在我的身体、思想和事务中创造奇迹。

第四部分

专用技巧

如果你想学到良好关系的秘密，

只要去留心人与事里面神性的一面，

将其他的事情都交给上帝就好了。

——艾伦·波尼《生活中的亲属关系》

记载冥想的笔记本

专门备好笔记本作为冥想的工作手册是一个很好的主意。在本书的这一部分，我会给出一定数量的练习和步骤，你可以将想做的练习记录在笔记本上。你或许还希望将所听到和想到的肯定语句在笔记本上写下来，以便在需要的时候随时翻看。你的笔记本还有很多其他用法，比如，记录梦想、幻想和目标，将你在冥想上的历程写成日记，将灵感火花写下来，将书籍和歌曲中对你有意义的东西摘录下来，将自己的意识拓展经验用图画、诗歌或歌曲等形式表达出来，记录在上面。

我就有笔记本，我在上面定期地检查我的目标、肯定陈述、理想的景象和珍宝地图，我发现它成了转化我生活的一个重要工具。

以下是如何做笔记的一些建议：

1.肯定。将你最喜欢的肯定写下来。你可以将它们都列在同一页上，或者你也可以每个肯定写一页纸，配上装饰性的边框和线条，这样每次读到它，停下来沉思的时候就会留下美妙的印象。

2.外流清单。记录你的能量流向世界和周围其他人的各种方式，包括通用的和专用的。其中包括金钱、时间、爱、感谢、体能、友谊、抚摸和你的独特天赋及才能。想到什么新的内容你可以随时加进去。

3.成功清单。列出一个清单，记录你觉得成功，已经成功，或在某个时刻成功的每一件事。这包括你生活的所有领域，而不仅限于工作范畴。写下所有对你有意义的事情，即便它对别人来说可能毫无意义。想起什么事情，或者成就了什么事情就添加进去。这个清单的目的是要认可自己以及自己的能力，这会让你信心十足，取得更多成就。

4.感谢清单。列出一个单子，在上面记录每一件你能想到的、特别感谢的事情，或者在生活中你特别欣赏的事情。列出和添加能够真正打开你的心灵，增进你对大家都拥有但却习以为常、视若无睹的人生财富的觉知。这会在各个层面上增进你对丰盛和富裕的认识，从而也增强了你促成富裕的能力。

5.自尊清单。列出一个单子，把所有你喜欢自己的方面和所有正面的品质都记下来。这不是一个“自我的旅程”（增强自我、有违灵性法则的言行）——对自己感觉越好，你就越认可自己的优良品质，你也就会变得越快乐和可爱，你的创造性能量也会流动得更顺畅，你对这个世界的贡献也会更大。

6.自我欣赏清单。写下所有你能想到的对自己示好的方式，可以为自己做的好事，可以满足自己的小小放纵。这些事情可大可小，但是也需要列出一些你可以每天轻松做到的事情，然后就每天照做！这会增进你对自己的良好感觉和对生活的满足，从而帮助你以更加明朗的心态去创造自己的生活。

7.疗愈和帮助清单。写下那些你认识的需要治疗或任何需要特殊帮助的人的名字。为他们写下专门的肯定陈述。每次你翻看笔记本的时候，就给他们以能量上的支持。

8.幻想和创意。随时记下每一个对未来的想法、计划或梦想，或者每一个在大脑中闪现的创意，即便它们看上去遥不可及，即便你认为永远也不会将它们付诸实践。这可以帮助你放松自己，刺激你的想象和创造力。

你可能会觉得很难在百忙中抽出时间做笔记。不过如果你每天抽出几分钟时间，一个星期抽出一两个小时做这件事，你会发现自己在内在世界已经成就了好多事情，价值往往要比花在外在世界的强一百倍。

清理

在学习运用冥想的时候，你或许会接触到自身一些阻碍你达到更高境界的障碍。

所谓的“障碍”其实是一个能量被锁住的地方——能量不再流动。通常，障碍起初是因为恐惧、悲伤、内疚、自责和怨恨（愤怒）等情绪引起的，它会导致一个人在灵性上、精神上、情感上甚至身体上的紧绷和封闭。

处理任何一个层面的障碍，最要紧的是促使那个区域的能量流动起来。这涉及以下两个要点：

1.在精神和情感上接受你所感受到的一切（这在身体层面的表现就是释怀和放松）。

2.明晰的观察。观察可以让你明白问题的根源——通常是偏狭的态度和信念。

在处理某一有障碍的意识区域时，我们首先需要以一种充满爱的、接纳的方式，去体验那个被我们锁在这一区域的情绪。这样做之后，锁住的能量就会松动，我们就有机会观察其背后的负面信念和态度。我们可以好好地、清楚地看看它们，让它们自动消失。

令人惊讶的是，只要找出那些偏狭的信念并接纳围绕着这些信念的情感，问题就奇迹般地消失了。一旦你理解和接纳了自己，难题就迎刃而解了。

这里的诀窍在于，你既要热情地爱和接纳具有这些信念的自己，同时又要准备好放手，因为你看清了它是偏狭的、破坏性的、自我挫败的和不自然的。

最为普遍和棘手的一些核心信念是：

我有些不对……我好像出了什么问题……

我没有什么价值，也不配得到什么。

我在生活中曾经做了一些坏事（或做了一件坏事），我注定要为它受苦受难（被惩罚）。

人（包括我自己）根本上是坏的——自私、残忍、愚昧、罪恶、愚蠢。

这个世界不是一个安全的地方。

“爱、钱、好东西”都是匮乏的，因此：

我必须去奋力争取我的份额

或者

没办法，我永远也得不到满足

或者

如果我有很多，其他人就会得不到。

生活是痛苦的，必须努力工作……毫无乐趣和愉快可言。

爱是危险的……我可能会受到伤害。

力量是危险的……我可能伤到别人。

金钱是万恶之源，金钱就是腐败。

这个世界没有什么出路，永远也不会有。事实上，它一直在变坏。

我对发生在我身上的事情没有任何控制能力……我无能为力

去改善生活或改变世界。

读到这些负面的观念时，看看其中是否有一些反映了你思想背后的信念系统或情绪模式。

虽然一口气看完这些负面信念颇令人沮丧，但事实上，我们每个人或多或少都会将这个或那个负面观点带到现实中去。

毫不奇怪，我们之所以将这些观念糅合进对现实的感觉中，是因为人类演化的这个时段正是它们在世界上极为盛行的时候。事实上，世界目前正是依照这些观念在运行，幸运的是，这种情况正在改变。

最重要的是要认识到它们不过是一些信念，而不是客观真理。虽然我们环顾四周时会觉得它们似乎是真实的，其实是因为有这么多人相信它们，并遵照执行。

要改变世界，你所能做的最有威力的事情（它的威力非常强大）就是改变你对生活的本质、人性和现实的信念，并照此行动。

本书会提供给你这样做的一些工具。

清理练习

如果你在实现目标时遇到困难，或者觉得自己对目标的达成有所抗拒，可以尝试这个练习：

1.拿出一张纸，写上："我不能拥有自己想要的东西的原因是……"接下来马上写下出现在你脑海中的任何想法，并完成这个句子。不要花太多时间来写你的答案，对待这件事也不必过于严肃。你只需快速写下大约20～30件事情或原因，即便它们看上去颇为愚蠢也没关系。下面有一个例子供你参考：

我不能拥有自己想要的东西的原因是……

我太懒。

我没有足够的钱。

它并不存在。

我以前尝试过，从来没有得到什么结果。

我妈说我做不到。

我不想。

太难了。

我害怕做这个。

约翰会不喜欢这件事。

诸如此类……

2.再次做同一个练习，只不过这次要写出你想要的东西的具体名称。例如：“我想拥有一份好工作的原因是……”然后再像上次那样继续。

现在，静静地坐几分钟，看看你写下的想法对你来说是否真实……你是否在某种程度上相信它们。感觉一下你在自己身上和你的内心对这个世界的认识上设置了哪些限制。

3.现在，列出一个单子，在上面写下你能想到的对自己、别人、关系、世界、生活等的所有负面态度。

同样地，安静地坐一会儿，看看这些观念中哪些对你具有情感上的牵制力（无论你是有意识的还是无意识的）。

如果在做这些练习的某一刻你感到有什么情绪冒出来，你只需跟它待在一起，允许自己以全然接受的态度去尽可能多地体验它。你或许在脑海中闪过一个早期的体验，或者闪过某些父母或老师过去常对你说的话，这些话以某种方式固化了你的世界观。

4.不论何时完成这一过程，尤其是当你跟自己所持的一个或多个负面观念有了接触的时候，将那张单子撕碎后扔掉。这象征着你正在放下它们。

接着安静地坐着，放松，做一些肯定陈述，用更为开放的、建设性的、积极的信念取代那些局促的、偏狭的信念。

下面列举的是一些清理性的肯定陈述：

我在放下自己的过去。

我正在消除所有负面的、偏狭的信念。

我在心中谅解和放下我生命中碰到的每一个人。

我无需去取悦他人。不管我做什么，我天生就是可爱和招人喜欢的。

我放下心中累积的所有负疚、恐惧、怨恨、失望和不情愿。

我自由而轻快。

我所有的负面自我形象和态度如今都消失了。我爱自己，欣赏自己！

阻碍我完整表现自己、享受生活的所有壁垒现在都消失了。

生活在这个世界上是一件美好的事情。

宇宙会供给我们一切。

更多清理练习

1.这个练习是有关宽恕和放下的。

在纸上列出一个名单，将那些你觉得曾经不公正对待你、伤害你的人或者你所怨恨和愤怒的人写下来。在每个人的名字旁边写下他或她对你做过什么，或者你仇恨的理由。

然后闭上眼睛，放松，一个一个地想象每个人。跟每个人稍作交谈，向他或她解释你过去的愤怒和受伤，但是你现在会尽可能地原谅他们，从而让你们之间受压制的能量得以疏通和释放。给那个人祝福，并表示：“我对你已经谅解和释怀。没事了，祝你快乐。”

当你完成这一过程之后，在纸上写下：“我现在对你们都已经谅解和释怀了。”然后将纸扔掉，象征你将这些过往的经验都放下了。

许多人发现这个宽恕和放下的过程很神奇，他们感到如释重负，长期积压和萦绕在心头的怨恨和敌意一下子被放下了。更妙的是，即便你一直没再碰到过对方，他们也会在通灵的层面上接收到你的宽恕，从而也为他们清理了生活中的障碍。

如果你第一次做这个清理练习，或许你不会对当事人产生放下和释放的感觉（尤其当那个人是你的父母、配偶或其他在你生活中举足轻重的人）。如果你的情绪反应很强烈，有很多埋藏很深的情绪，你可能有必要去找一个心理治疗师或咨询师，或者找一个私密的地方去充分宣泄你的愤怒和受到的伤害。在真正接受和表达我们的其他情感之前，不应该强迫自己去宽恕。而在这样做之后，宽恕就会自然而然地发生。时不时地坚持做清理，最终它会产生效果。（记住，你的目的是为了自身的利益、健康和快乐。）

许多人在做清理之后，发现身体上好多毛病都神奇地治愈了，因为诸如癌症和关节炎之类的病痛直接跟积压的愤怒和怨恨有关。

2.现在，列一个名单，写下你能想到的曾经伤害过的或不公正地对待过的每一个人，并写下你对他们做过哪些事。

再次闭上你的眼睛，放松，依次想象每一个人。告诉他或她你对其做过的事，并请求他们宽恕，请他们给你祝福。然后想象他们这样做了。

完成了以上步骤之后，在纸的底部写上："我宽恕自己，并将自己从一切罪责中解脱出来，此时此地，永远！"然后撕碎纸张，将它扔掉。

最后一个清理步骤

检查一下你的壁橱、抽屉、地下室、车库或书桌——无论在哪里发现“积压”的不再需要的东西，就把它扔掉或送人。

这一具体而有力的体力行动象征着你在精神、情绪和心理层面上的所作所为——将老旧无用的东西清理掉，让能量流动起来，维护你的“房屋秩序”。这会让你感觉很棒，在这样做的同时加上一些肯定陈述，效果会更好：

我送出越多能量，我就为好事的降临腾出越多空间。

我喜欢给予，我也喜欢接受。

在我清理物理空间的时候，我也是在清理我生活的方方面面。

我正在让我的生活步入正轨，准备迎接所有到来的好事。

对我拥有的一切好事和即将到来的好事，我表示深深的感谢。

书面肯定

下面我所阐述的技巧曾经在不同的场合给我的生活带来最快、最富戏剧性的改变，它将书面肯定陈述和清理过程天衣无缝地结合为一体。我很喜欢它，因为它是如此简单易学，同时又能切入到内心深处。

书面肯定陈述是一个很有力的技巧，因为写下来的言词对我们内心有着很大的影响。我们在写的同时也在读，所以它具有双重能量。

找出任何一个你想运用的肯定陈述，依次将它在纸上写10~20遍。在句子中用上你的名字，并试着分别用第一、第二、第三人称写这句话。（例如：我，约翰，是一个成功的歌手和词曲作者；约翰，你是一个成功的歌手和词曲作者；约翰是一个成功的歌手和词曲作者。）

不要只是机械地写，在写的时候要想想它的意思。留意自己是否对所写内容有抵触、疑虑或负面的想法。如果有（哪怕再轻微），就把纸翻过来，在背面写下这些负面想法以及你认为某些肯定陈述不真实、没有效果的原因。然后再回去写肯定陈述。

写完之后，看一下纸的背面。如果你诚心诚意，就会好好地检查一下为什么会在个案中让自己得不到想要的东西。

将这些原因记在心里，想想有什么肯定陈述可以帮助你克服这些负面的信念和恐惧，并将这些新的肯定陈述写出来。例如，如果你有这样一个负面信念：“我不能比我的父亲更成功了。”你可以做这样的肯定：“我父亲为我的成功感到自豪和高兴。”

如果原来的肯定很有效的话，你也可以坚持使用原来的肯定，或者稍做修改，使它更贴切。

每天坚持做书面肯定一到两次，持续几天。一旦真正看到了自己的负面习性，就不要再将它写出来，只需继续写肯定就行了。

我对这一过程的体验是，我所肯定的东西经常会令人惊奇地展现出来。我通常会接收到很多对自身惯性模式的洞察。

设定目标

得到你想要的东西，最核心的窍门就是找到你真正想要的是什么！这无疑是最关键的部分。

生活中，我一旦对想要创造什么有了一个明朗而强烈的愿望，常常就能轻而易举地实现它。我会突然对想要的东西产生强烈而鲜明的体验，那种我即将得到它的感觉也同样强烈而鲜明，这种时刻我将它称之为意识的“灵动”时刻……在到达那个明朗的时刻之前，常常需要花费一些时间和能量去促成它。这个“灵动”时刻常常是从困惑、绝望、无助之类的情绪中出现的，在这样的境况中我必须一路跋涉才能走出来。因此，不必担忧……最黑暗的时刻喻示着黎明即将到来。

生活中发生的最为极端的例子是我花了 10 年时间才走完情

绪疗愈的过程，才弄明白我想要的生活伴侣究竟是什么样的。虽然当时我以为自己准备好了，但我发现在自己内心深处存在着很多恐惧和模棱两可的情感。一旦有意识地认可和接纳了这些情感，并开始着手疗愈内心的恐惧和过去的情绪模式，我的意愿就变得清晰起来了。三个星期之后,我找到了那个现在是我丈夫的男人!

设定目标的过程可以促使你找到生活中究竟想要什么。我在这里跟你分享的用纸和笔做的练习对此很有帮助。在设定目标时，有几件重要的事情必须牢记在心。

记住，设定目标并不意味着要固守这些目标。只要你想，并觉得有必要，你可以经常改变目标。

还要记住，设定目标并不意味着你必须通过殚精竭虑的努力和奋斗去追求它。设定目标并不是要你在情绪上执著于去达成目标。相反，设定目标可以帮助你更轻松、更自然、更愉快地过日子。生命的本质是运动和创造，而目标给了你一个清晰的聚焦和方向，这样你天然的创造性能量才得以流通，从而实现能量的外流和对世界的贡献，这会增强你对生活的美好感受和满意度。目标是用来帮助和支持你实现真正的人生价值的。

你也可以这样看待和设立目标：生活是一场有趣的游戏，它会给你带来深深的满足，所以不该过于严肃地对待目标。与此同时，你又必须给它们足够的分量和重要性，这样它们才会给你真正的价值感。

你或许会发现，选定目标的过程往往就会引起相当多的抵制情绪。你会以不同的方式体会到这一点，例如一想到要设立目标就感到压抑、无望或头疼。或者你可能会通过贪吃贪睡等活动来转移注意力。这些情绪反应（如果你有这样的情绪反应的话）表明你在以一些方式回避生活中想要得到的东西。此时很重要的是勇敢面对，去经历它们，然后继续前进。只有进入到里面，你才可能发现它们的价值。

然后，你再次完整地享受这个过程，从中感受其宽广、乐趣和启示。我期待你会得到这样的体会！

不要让目标的选定变得过于复杂和隆重。从简单、轻松的小事做起。记住，你随时可以根据情况改变和拓展目标。

练 习

1.坐下，备好笔和纸，写下以下分类：

个人成长/教育

工作/事业

人际关系

创造性的自我表达

金钱

生活方式/财富

休闲/旅游

现在，在心里记下你目前的生活状况，在每一个分类写下在不久的将来你想要得到、改变或提高的事项。不要想太多，只需写下任何出现在你脑海中的想法，它们实现的可能性通常比较高。

这个练习的目的是让你放松下来，并想一想你在生活的各个领域想要达成什么。

2.拿出另一张纸，写下：“如果我能成为（做、拥有）我想要成为（做、拥有）的，以下是我理想中的场景。”

现在列出同样的7个分类，在每个分类下面写上一段或两段（或随便几段）话，描述你梦想中的生活场景。

这个练习的目的是将你从现有的局限中拓展出来，让你的想象来接管，让你真正拥有自己想要的任何事物。

完成上述内容之后，再增加一个分类——世界局势/环境。如果你有能力改变世界，描述一下你希望看到这个世界在你的有生之年发生哪些改变——世界和平、结束贫穷、人类变得关注他人和环境、跟大自然和谐共处、学校变成令人兴奋的学习中心、医院变成真正的疗愈中心等。你可以在这个分类下尽情发挥创意，你或许会发现，你有各种各样以前从来没有想到过的有趣想法。

现在，重新看一遍纸上所写的内容，做一会儿冥想。为自己创造一幅身处美好世界、过着美妙生活的想象图景。

3.再取出一张白纸。根据你所创造的理想场景中最有意义的一些场景，列出一个单子，将你现在感觉合适的10～12个重要目标写在上面。记住，你随时都可以改变和修正这个单子（而且你应该不时地这样做）。

4.现在，写下“我的5年期目标”，将你想要在接下来5年中达成的最为重要的目标列出来。如果你能够以肯定陈述的方式，就当它们已经实现那样地写下你的目标，那就再好不过了。这样做会产生清晰而强烈的效果。例如：

我此时拥有并居住在一片20平方公里的土地上，有美丽的房屋、果园、溪流和许多动物。

通过带领工作坊和向热情友好的观众做演讲的方式，我现在日子过得轻松而富裕。

在写下目标的时候，切记你所写下的是真实而有意义的，是你真正想要达成的，而不是那些你认为应该要达成的。除非你想给别人看，否则其他任何人都没有必要去看你的目标，这个步骤需要你对自己绝对诚实。

5.重复上述步骤，设定1年期目标。不要设太多目标，假如你一开始写了很多，全部删除，只留五六个最重要的。检查一下它们是否与5年期目标一致。也就是说，确保你正在迈向一个大体相同的方向。这样当达成你的1年期目标时，你也就朝5年期目标靠近了一步。例如，你的5年期目标之一是拥有自己的生意，那么你的1年期目标之一可以是为此存有一笔钱，或者在类似的行业中从业，以便取得你需要的经验。

现在，写出你的6个月、1个月和1周的目标。就像之前一样，尽量简单一点，选择3~4个最重要的目标。对于近期目标能够达成多少要务实一点。同样地，确保这些目标跟长期目标保持一致。

你或许会发现，要具体地提前规划未来是一件很困难的事，你可能会觉得不舒服。但是，制定计划本身不是强迫你一定要去追随它，事实上，你注定会不时地对它做出改变。这个练习的目的在于：

1.练习设立目标。

2.确认：如果你想的话，你的一些梦想是能够成为现实的。

3.跟你生活中的某些重要的使命和方向有所接触。

我建议你将自己的目标记录在笔记本上。每过一两个月，或者任何你觉得必要的时候，你可以时不时地打开笔记本，复习其中的一些步骤，必要的时候可以修改和重拟目标。每次这样做的时候记得将日期写上去，并维护好笔记的秩序，这样在回顾的时候，你就可以看到自己的目标是如何逐渐演化的。

总体原则

1.短期目标（1个星期、1个月）力求简单、务实——选择那些你确信可以完成的事情，除非你特别想迎接一个较大的挑战（有时候这也是很好的选择）。目标越是长远，你就越要具有拓展性和想象力，这样你的地平线才得以不断延伸。

2.当你发现自己没有完成某些目标（这是不可避免的），不要责备自己，也不要认定你已经失败了。只需向自己确认你没有完成那个目标，并看看它是否仍然可以成为你的目标，也就是说，看看是否想再次将它设定为你的目标。以这种方式来确认未完成目标尤为重要。否则的话，这些未完成的目标可能会在你的心底积淀起来，你会无意识地觉得自己“失败了”，而这最终会导致你对目标设定过程的回避。

3.当发现自己已经实现一个目标，哪怕再小的目标，也一定要和自己确认这一点。给自己赞赏和鼓励，享受片刻的满足。在实现目标之后，太多时候我们忘了去留意或享受已经做成了那件事的事实。

4.不要一下子承受太多。设定那些让你感觉良好的目标。假如你觉得承受不住、迷茫混乱或者泄气失望……那就简化目标。你可以只在生活的某一个领域中设定和完成目标，例如工作或者人际关系。设定目标最终是要帮助你更多地享受生活，而不是相反。

如果你设定了很多没有完成的目标，说明你可能在设定的时候不够务实，或者，你设定的目标不是你真心向往的，因此没有真正的内心动力去实现它。选定那些你真正喜欢和向往、对你来说现实可行的目标。

如果你在追求或实现目标中一直感觉有障碍，你的内心可能有一些阻挡你的无意识情结。我建议你去找一个好的治疗师或互助团体，帮助自己做一些情绪疗愈的工作。我们每个人都有需要帮助和额外支持的时候。

同时请记住，我们有时候需要设定目标，有时候又需要放弃它们，信任生活的波浪，任它将我们带到注定要去的地方。

理想场景

冥想可以采用想象、口述或书面语言、身体形象或图片（见本书接下来的章节“财富地图”）等形式。任何有助于你将一个清晰蓝图展现在宇宙中的事物都是冥想的一个助力。

下面这个练习帮助你通过书面语言创造一个清晰的画面，并帮助你更清楚地了解真正想要的是什么，将它展现出来。我本人就将这个练习运用于所有重要的目标上。

找一个对你很重要的目标，可以是长期的，也可以是短期的。

将这个目标尽可能清楚地用一句话写下来。

在它下面写“理想场景”，然后将目标完全实现之后的场景确切地描写出来。以现在时态来描写，就当它已经是一个事实那样，越具体越好。

写完之后，在底部写上这样一句话：“此事，或更好之事，以全然圆满与和谐的方式，为着所有相关人群的最高利益，此刻为我呈现。”你还可以添加上其他你喜欢的肯定陈述，并签上你的名字。

接着，安静地坐着，放松，在冥想中想象你的理想场景，并做肯定陈述。

将你的理想场景写到笔记本上、书桌上、床头，或挂在墙上。时常去看它，需要的时候做适当的修改。将它带到你的冥想中。

如果你将它放在抽屉里忘记了，有一天你很可能会发现，在无意识地对其投入能量的情况下，它还会在你的生活呈现出来……

我经常回顾以前的目标、理想场景和财富地图，常会惊讶地发现，我已经全然忘记的事情会奇迹般地出现在我的生活中。

宝图

制作“宝图”是很有威力的一个技巧，也很有趣。

宝图是你所渴望的现实的写实图片。宝图价值很大，因为它提供了一幅尤为清晰、明朗的图像，可以吸引能量并将能量注入到你的目标中，它的作用相当于一张建筑蓝图。

你可以用素描或油画的形式制作一张宝图，也可以用剪切下来的图片和文字做一张拼贴画，杂志、书本、卡片、照片、绘画等都可以成为你的素材。不要为制作得不够艺术而担忧。简单的、孩子般的宝图跟艺术杰作起到的作用是一样的！

总之，宝图应该将你已达成目标、处在理想场景中的样子表现出来。

下面给出的一些指导原则可以帮助你做出效果最好的宝图：

1.单单为某个目标或领域创作一张宝图，这样既能涵盖宝图的所有元素，又不会太复杂。这样做可以让心思更轻松、更清晰地集中于一个目标。你可以为你的人际关系做一张宝图，为你的工作做一张，为你的灵性成长也做一张，以此类推。

2.只要方便，任何尺寸都行。你或许想要把宝图放在笔记本中，挂在墙上，或者放在你的口袋或钱包中。通常会将宝图做在一张纸板上，因为纸板比纸张更方便悬挂。

3.一定要把你自己放到图片中。为了产生真实的效果，可以用你的照片，或者把自己画进去。将你成为自己向往的人物、从事向往的事情、拥有向往的事物时的情景表现出来——环球旅行、穿着新衣服，或者成了畅销书作者。

4.以理想而完整的形式展现这个场景。你无需暗示它会出现什么结果。这本身即是一个完成了的作品。不要在其中展示任何负面的或令人不快的东西。

5.在宝图中运用很多色彩以增强其力度和对你意识的冲击力。

6.将自己置身于一个真实的背景下，使它对你具有真实可信的效果。

7.在上面放上一些对你有意义、有影响力的、具有无穷含义的象征物。它可以是一个“噢姆”的符号、太阳的光芒，或者任何能够代表宇宙智能的事物。这是一种认可和提醒：万事万物都来自于无穷之源。

8.把肯定陈述放进你的宝图中。“此刻我正驾驶着新买的油电混合动力轿车一路前行。”

同时一定要加上肯定陈述：“此事，或更好之事，以全然圆满与和谐的方式，为着所有相关人群的最高利益，此刻为我呈现。”

创造宝图的过程正是迈向目标的有力一步。现在你只需每天安静地看它几分钟，并在一天中不时地想一下就可以了，其他你什么也不用做。

宝图举例

以下是几个用于激发你想象力的宝图例子：

健康

将你的容光焕发、积极美好展现出来，不论参加什么活动，都体现出你完美的健康身姿。

体重或身体状况

展现你的完美身体，感觉自己很棒（从杂志上剪一张完美体态的人像照片，然后把你的头像照粘贴在上面）。就像卡通画一样，你可以在人像周边画的泡泡里写上一些话语，表明你的感受，例如，“我感觉很棒，125斤的身体看上去也很匀称，我的身材好极了。”

自我形象和美貌

如你所愿地展现自己——美丽、放松、享受生活、温暖、充满着爱。把一些代表这些品质的话语和符号也放进去。

人际关系

在你的宝图里放入跟朋友、恋人、丈夫、妻子、家庭成员或同事在一起的照片，同时用图片、符号和肯定陈述来表现你的状态：快乐、充满爱、善于交流，任何人际关系中的美好一面。

如果你正在寻找一段新的关系，找一些图片和话语来表示这个人身上或这段关系中你所渴望的品性，将这个理想中的人展现给自己看。

工作或事业

在宝图中展现你正在做自己想做的工作，跟有趣而愉快的同事在一起，收入可观（具体到你想要的数字），工作地址等相关细节也如你所愿。

创造力

运用符号、颜色、图片来表现你的创造力正被释放出来，展现你正在创造美丽而有趣的事物，你感觉很棒。

家庭和朋友

展现你的家人或朋友跟你处在全然相爱与和睦的关系中。

旅行

展现你想去的地方，你有充足的时间和金钱去享受这个度假胜地。

……以此类推。现在你知道该怎么做了，快快动手吧。

健康与美貌

有很多运用冥想的方法可以用于维护并提高健康和美貌。像其他事情一样，我们的健康和魅力也是由精神上和情感上的态度所决定和创造的，所以改变我们的信念以及我们跟自己和世界互动的方式，都会对身体状况产生深远的影响。

前面我已经提到了如何将制作宝图运用于身体领域的一些技巧。下面是其他一些我喜欢使用的技巧。我相信你自己也会发现很多有用的技巧。

身体锻炼

不管你做的是什么样的锻炼，都可以运用冥想和肯定陈述来帮助自己获得最大的效益和享受。你可以在锻炼的时候做冥想，同时也可以在静坐或放松等时候做冥想。

比如，你喜欢跑步，你可以冥想自己跑得非常轻快、酣畅。想象你跑步的时候每一步跨度都很大，几乎就像飞一样地一步跨过一大片疆域。在放松阶段，肯定自己每天变得更快、更强，体形变得更好。如果在比赛中胜出是你的一个目标，你可以想象自己赢得了比赛。

如果你做的是舞蹈或瑜伽，锻炼时将你的意念放在身体和肌肉上，想象它们都在逐渐放松和伸展，设想自己的身体变得越来越柔软可塑。

在你所喜爱运动项目上运用冥想，可以提高你的运动技能。想象你的技能变得越来越娴熟，直到技高一筹，确立领先优势。

美的焕发

定期定时地为自己做一些事情，让自己感觉好像在细心呵护自己和自己的身体。运用冥想可以将每天的例行事务转变成一个美容仪式。

例如，洗个热水澡，想象热水让你感到全然的放松和舒畅，对你具有很强的疗愈功能。想象所有问题都被融解了，或者被冲洗掉了，只剩下天然的你，由内而外，容光焕发。

将润肤液或精油涂在脸上和身上，给自己很多爱的关心，肯定你的皮肤一直以来正变得越来越光滑和美丽。洗头发的时候，将意念放在自己的动作上，并肯定你的头发比以往任何时候都更加浓密、闪亮和健康。刷牙的时候，在心中肯定自己的牙齿强壮、健康和美丽。事实上，其他日常活动中你也可以这样做。

饮食仪式

很多人都有跟食品有关的负面观念。我们害怕食物会让我们发胖或者生病。但是我们又会强迫性地继续吃那些害怕吃的食物，因而引发了内心的紧张与冲突，并最终产生了我们所担心的后果——超重和生病。

同时，又有很多人在吃东西的时候心不在焉。我们忙于交谈和思考其他事物，无法体察美味、满足的口感，无法吸收食物丰富的营养。

吃东西实际上是一个神奇的仪式，在这个过程中，宇宙各种形式的能量被转化为我们身体的能量。这时候，我们的所想所感就是这一炼金术的一部分。

以下是一个吃东西的仪式，不管你吃的是什么，每天至少要做一次：

在食物面前坐下。闭上眼睛片刻，放松，做一会儿深呼吸。为食物默默地感谢宇宙，感谢所有提供这份食物的众生，包括动植物以及培植它和准备它的人们。

睁开眼睛，看着食物，好好看看它是什么样子，体察它的气味。慢慢地开始食用，真正地觉知和享受那个滋味。食用时在心中默默告诉自己，这份食物正被转化成为你所用的生命能量。告诉自己，你的身体正在利用一切它所需要的东西，又能轻松消除它所不需要的东西。想象自己吃了这份食物后变得更健康、更美丽了。不要顾虑之前你对这个食物是好是坏的认识，只需按照上面的方法做就行了。

如果可能，食用的过程要保持缓慢，在你感觉满意的时候停下来，并在你结束享受那份从胃部因满足和快乐而散发出来的温暖光环之后，停留片刻，稍作回味。

你越是经常地如此去觉知食物，你就会为自己创造越多的美丽和健康。

下面是又一个更为简单的吃的仪式：

入睡之前，起床之后，或者一天中的某个时辰，给自己倒一满杯冷水。喝的时候告诉自己，这水是生命的灵丹和青春的泉水。想象它正在冲刷掉不洁之物，带给你能量、活力、美貌和健康。

下面是一些对健康和美貌非常有益的肯定陈述：

每天我都变得更健康，更有魅力。我做的每件事都会增强我的健康和美貌。

我吃的每个东西都会增强我的健康、美貌和魅力。

我善待身体，身体也善待我。

我身材苗条，无论我做什么，身体都强壮而完美。

我每天都在变得更强壮、更有力。

我愿意只吃那些什么时候都对我最有好处的食物。

我只会为那些我的身体真正需要的食物而感到饥饿。

我越爱自己，越欣赏自己，我就变得越美丽。

现在男人（或女人）无法抗拒我的魅力。

我爱我身体本来的样子。

就像我现在的样子那样，我天生就很有魅力。

团体中的冥想

我在本书提到的很多方法稍加改编都可以应用于团体。冥想尤其适用于团体，因为团体性的能量会发生很大的增强效应。每个人的能量都倾向于支持其他人，在这种情况下整体力量大于个体力量之和。

不管你处于什么样的团体，无论是你的家庭还是一帮朋友，工作团体还是社会行动团体，教堂或灵修团体还是工作坊或班级，你会发现，冥想都能够为实现你的团体目标提供有效工具，或者使得团体成员之间更加协调一致。

下面是一些在团体中应用冥想的方法：

唱　诵

选择一首歌或一段诵词，表达你想在自己身上或在这个世界上创造或培养的一种情感、一个观念或一种态度。这里，音乐起到的作用很大。

静坐与冥想

选择一个目标或意象，然后大家安静地坐着，一起做冥想和肯定陈述。结果往往会大大出乎你的意料。

宝　图

让每个人为团体目标分别创造一个自己的宝图，或者大家一起创造一个共同的宝图。甚至你还可以指定一个委员会来制定一张宝图！

肯定陈述

参照本书如何运用肯定陈述的相关章节，在团体成员之间做肯定陈述。或者，让整个团体一起大声说出肯定陈述。

疗　愈

团体疗愈是一种十分奇妙的体验。请参见本书疗愈冥想的有关章节。

人际关系中的冥想

运用冥想最有价值的方式之一就是提升我们的人际关系。作为人类，我们在很多层面上对彼此都十分敏感。尤其是彼此之间所持的想法和看法。正是这些想法及其背后所反映出来的态度影响了我们的人际关系，并决定了这个关系是否会有良性的互动。

和其他事情一样，在一段关系中，我们所得到的恰恰是我们在最深层次上所相信、所期待和所请求的。跟我们相处的人始终是一面镜子，反映出我们自身的信念，同时，我们又是他人的镜子，反映他们的信念。跟另一个人的关系是我们帮助自己成长的最有力的工具之一。如果诚实地看待我们的人际关系，就能看到我们在创造关系中的种种个人因素。

以一种全然负责的态度对待你的人际关系。不管在你看来另一个人在这一关系中要负多大的责任，暂且假定你对它今天的状态负全责。如果有些事情不能令你满意，问问自己怎么会造成这样的局面。但是请记住，对生活负责并不意味着因为生活和关系中的问题而去责备自己。检查一下，看看是否有什么核心信念使你创造了一个不够让你满意、不那么快乐友爱的关系。让自己处在这样一个不快乐的空间，你得到了什么？（我们做的每件事情都有回报，否则你不会去做。）

如果你真的渴望在生命中拥有深刻、充实、快乐的关系，如果你相信拥有这样的关系是可能的，并且如果你愿意接受这样的快乐和满足，那么你就能够，并且一定会创造适合你的这种关系。

以下一些事可以帮助你创造良好的关系：

1.了解你人际关系的目标。你真正想要从这个关系中获得什么？请考虑所有的层面——身体的、情绪的、精神的和灵性的。写出理想场景，或者做一张宝图，表达你对完美关系的想象。

2.以诚实的态度好好检视一下，是什么样的信念和态度妨碍了你去创造想要的关系。你可以运用清理步骤来更好地接触自己的偏狭态度。例如，你可以写这样的一句话：“我不能跟某某保持良好关系的原因是……”或者，“我不能从这个关系中得到我想要的，其原因是……”然后将你当下所有的反应都写上去。

3.运用肯定陈述和视觉意象改变你的负面信念，并开始想象和创造充满爱的、充实而满足的关系。

4.运用冥想改善难处的关系。举个例子，假设你跟某人很难相处，但你想在两人之间创造一种更为和谐的关系：

先放松，让自己沉入到一个深深的禅定状态中，然后，想象你们两人以一种开放、诚恳和有效的方式交谈与沟通。想象跟这个人说任何你想跟他说的话，对阻隔你们的事情做一个清理。想象他在认真地聆听，接着说出他想对你说的话，你在一旁洗耳恭听。

你可以根据需要重复做这个练习。如果你的愿望很诚恳，并乐于做出改变，你会发现你们之间的关系正变得更加轻松和流畅，那个人也似乎变得更顺眼、更容易交流。最终你会发现，问题自然而然地解决了，双方皆大欢喜。这个结果可能来自于跟那个人的实际交流，也可能不是。

5.彼此做肯定陈述也有助于改善关系。当然，很重要的一点是，彼此之间的交流应该出自你的真实情感，你喜欢什么，不喜欢什么，以及你想要什么，都应该如实表达。但是，比起不断抱怨对方的缺点和不足，做出肯定彼此的努力是值得称道的。在这个过程中，你也在不断进步和成长。因此，不要说“乔治，你为什么老是在我说事的时候打断我”，你或许愿意在适当的时候开口对乔治这样说，“你现在成了一个好的聆听者，我很欣赏你。”以这种友好的方式，你不仅提醒乔治做一个好的聆听者，你也改变了乔治在你和他本人心目中的形象。

在现存的各种关系中，我们经常会陷入到彼此的某个固定角色和形象中而难以改变。就好像我们都把对方放到贴着某个标签的盒子中。这让人十分局促，但是我们常常不知道如何走出来。

冥想提供给我们一个有用的工具，可以扩大我们的角色和模板。开始想象和肯定你自己和另一个人的新形象，看到每个人、每个处境发生积极改变的可能性，通过冥想给那个积极改变以能量和支持。

但是请记住，人与人之间的关系是非常复杂的。我们的关系恰如其分地反映了我们的心路历程，它就像一面镜子，有效地帮助我们看清个人成长的下一步该往哪里走。因此，如果关系中的难题始终存在，那它就是一个信息，提醒我们需要进行一个更深层次的自我疗愈。我强烈建议你从一个好的治疗师和咨询师那里获得相应的支持，他们会帮助我们看清我们的关系所反映出来的人生课题。

第五部分

生生不息的创造力

惟一成功的呈现，

就是那为意识带去改变和成长的呈现。

也就是说，它呈现了上帝，

或者说，在呈现为某个形式的同时，

它更为充分地揭示了上帝……

——戴维·斯邦格《呈现》

创造性意识

冥想不只是一种技术，它也是一种意识的状态。从中我们认识到，我们是宇宙的持续创造者，我们每时每刻都对此负责。

我们与上帝之间没有隔阂，在这一层面的存在中，我们是创造性法则的神性表达。真正的匮乏或不足是不存在的，也没有什么需要我们去完成或吸引的，我们自身就具备了成为一切的潜能。

冥想的呈现是将我们的神性潜能实现和展现出来的一个过程。

找到我们更高的目的

所有人类的一个基本需要是对世界和我们的同胞做出积极贡献，这同时也是对个人生活的提升和享受。每个人都以自己独特的方式为这个世界和彼此奉献良多。个人的健全感在很大程度上跟我们将这一点表现得是否充分有关。

我们每个人一生中都有重大的贡献有待完成。这可能会涉及很多事，也可能是一件非常简单的事。我把这样一个贡献称为“更高的目的”。它始终跟以下主题有关：完整、充分而自然地成为自己，做某件或许多件你具备天赋并真正喜欢去做的事情。

我们在内心深处都知道自己的更高目的是什么，但我们常常无意识去认可它，甚至对自己也是如此。事实上，大部分人似乎在千方百计地将它在自己和世界面前隐藏起来。他们很害怕，想要避开因认可和表达他们生活的真实目的而出现的权力、责任和光环。

运用冥想的时候，你会发现自己对更高目的有了更多的共鸣和觉知。留意那些常常在你的梦境、目标和幻想中出现的元素，留意你所从事和创造的事情当中那个特殊的质地，它们都是你找到生活意义和目的的线索。

在运用冥想的时候，你会发现，你的能力所达到的程度跟你的更高目的保持程度是一致的。耐心一点，跟自己的心灵向导做好沟通。你会在回顾的时候看到，每一件事都得以完美地呈现。

这是我们的星球正在发生巨大转化的时代。通过成就一个真实而精彩的自我，我们都参与了这一时代的转变。

生活就是你的艺术作品

我喜欢将自己想象成一个艺术家，生活就是我的艺术杰作。每时每刻都是创造的时刻，而每一个创造的时刻中都包含了无穷的可能性。我可以像往常一样做事情，我也可以以完全不同的眼光看待事物，尝试与众不同和回报更好的新思路。每一个时刻都提供了新的机会和选择。

我们在玩的是一个多么精彩的游戏，而生活是一个多么神奇的艺术形式啊……

致谢

感谢马克·艾伦和迪恩·坎帕尔在本书写作和其他很多方面所给予的爱与支持。感谢雷伯·坎尤，你给了我美好的友谊。特别感谢我的母亲，伊丽莎白，你给了我所有的爱、智慧和鼓励。

我也很高兴在这里向所有对我的生活和快乐产生积极影响的老师们致谢，在这本书中也到处可见他们的烙印。你们有些是以大师的身份为我所知的，有些是以朋友和爱人的身份出现在我面前，另一些则是以书籍的形式来到我身边。向你们所有人送出我的爱，并致以深深的谢意。

最后，我想对为我指路的内心向导表示由衷的感谢……它提醒我生活其实是多么美好……实际上它也承担了本书的写作。